兽医临床诊疗宝典

国家兔产业技术体系资助（CARS-44）

兔病诊疗原色图谱

第二版

任克良　陈怀涛　编著

中国农业出版社

图书在版编目（CIP）数据

兔病诊疗原色图谱 / 任克良，陈怀涛编著. — 2版
. —北京：中国农业出版社，2014.12
（兽医临床诊疗宝典）
ISBN 978-7-109-19604-9

Ⅰ. ①兔…　Ⅱ. ①任…　②陈…　Ⅲ. ①兔病—诊疗—图谱　Ⅳ. ①S858.291-64

中国版本图书馆CIP数据核字（2014）第223084号

中国农业出版社出版
（北京市朝阳区麦子店街18号楼）
（邮政编码 100125）
责任编辑　刘　玮　颜景辰

北京中科印刷有限公司印刷　　新华书店北京发行所发行
2014年12月第2版　　2014年12月北京第1次印刷

开本：889mm × 1194mm　1/32　　印张：7
字数：240千字
定价：56.00元

内容提要

本书由山西省农业科学院畜牧兽医研究所研究员、国家兔产业技术体系岗位科学家任克良与甘肃农业大学陈怀涛教授共同编著。内容包括兔的细菌性传染病、病毒性传染病、其他传染病、霉菌病、寄生虫病、营养代谢病、中毒性疾病、遗传性疾病、其他常见病和肿瘤等，共99种。这些疾病在我国多有发生，危害严重。每一种疾病重点介绍了病原（或病因）、典型症状与病变、诊断要点、防治措施和诊疗注意事项，同时配有各种彩色照片394幅。本书适合广大养兔生产者、基层兽医工作者阅读，也可供畜牧兽医大专院校师生参考。

作者简介

任克良 男，山西省农业科学院畜牧兽医研究所研究员，副所长兼养兔研究室主任，国家兔产业技术体系岗位科学家，山西省学术技术带头人。长期从事家兔及动物胚胎工程技术研究。主持和参加国家级研究项目5项，省级项目10余项，获奖6项，获国家发明专利2项。主编《兔场兽医师手册》、《兔病诊断与防治原色图谱》、《现代獭兔养殖大全》、《兽医病理学原色图谱》（兔病）和《中国家兔产业化》等家兔方面著作20余部。发表家兔方面的研究论文80余篇。现任中国畜牧业协会兔业分会常务理事、专家组成员，《中国养兔》杂志编委，山西省兔业分会副会长兼秘书长。

陈怀涛 男，甘肃农业大学教授、博士生导师。1961年甘肃农业大学兽医系毕业留校任教，一直从事兽医病理学教学、科学研究、研究生培养及动物疾病检验诊断工作。1979年至1981年赴罗马尼亚作访问学者。曾任西北地区兽医病理学研究会理事长、中国畜牧兽医学会病理学分会副理事长。主持参与甘肃马气喘病研究、动物肿瘤生态学研究等多项科研项目，发表论文160余篇，编审《兽医病理学》，主编《兽医病理学原色图谱》和《兔病诊治彩色图说》等专著、教材、译著及科普读物20余种。2009年获中国畜牧兽医学会“新中国60年畜牧兽医科技贡献奖（杰出人物）”，1992年获国务院“政府特殊津贴”。

丛书编委会

序　言

XUYAN

《兽医临床诊疗宝典》自2008年出版至今将近六年。经广大基层兽医工作者和动物饲养管理人员的临床实践，普遍认为这套丛书是比较适用的，解决了他们在动物疾病诊断与防治方面的许多问题，的确是一套很好的科普读物。

但是，随着我国养殖业的快速发展和畜牧兽医科技工作者获取专业知识的欲望越来越高，这套“宝典”已不能完全适应经济社会进步的需求。在这种形势下，中国农业出版社决定立即对其进行修订，是非常适当的。

鉴于丛书的总体架构和设计都比较科学适用，故第二版主要做了文字修改，以便更为准确、精炼、通俗、易懂。同时增加了一些较重要的疾病和图片，使各种动物的疾病和图片数量都有所增多，图片质量也有所提高，因此，本套丛书的内容更为丰富多彩。

本套丛书第二版也和原版一样，仍然凸显了图文并茂、简明扼要、突出重点、易于掌握等特点和优点。

在本套丛书第二版付梓之际，对全体编审人员的严谨工作和付出的艰辛劳动，对提供图片和大力支持的所有同仁谨致谢意！

相信《兽医临床诊疗宝典》第二版为我国动物养殖业的发展定能发挥更加重要的作用。恳切希望广大读者对本丛书提出宝贵意见。

陈怀涛

2014年5月

第二版前言

DIERBANQIANYAN

《兔病诊疗原色图谱（第一版）》自2008年出版以来，经实践应用，在我国兔病诊断与防治方面发挥了重要的作用。

近年来，随着兔产业的不断发展，我国养兔生产方式正在向规模化、集约化和标准化方向发展。但随之带来的问题之一是，家兔疾病的发生率有所上升，而且还发生了一些少见的疾病和新病，给兔产业带来了严重的经济损失。兔病已成为制约我国兔产业健康发展的一个重要因素。因此，必须提高广大兔业生产者和基层兽医人员对兔病诊断与防治的知识水平与操作技能。

根据中国农业出版社的总体要求和建议，我们对《兔病诊疗原色图谱（第一版）》进行了认真修订、补充和完善。《兔病诊疗原色图谱（第二版）》增加疾病30余种，使全部疾病达99种，图片总计394幅。这些图片的质量较高，能说明疾病的症状与病变。同时对诊断与防治方法也做了增补与完善，使本书能反映目前兔病研究方面的最新成果和水平。

《兔病诊疗原色图谱（第二版）》的出版得到国家兔产业技术体系、山西省农业科学院畜牧兽医研究所以及国内兔业界同仁的大力支持，在此谨致谢意。

尽管作者为本书的修订做了不少的努力，但因时间仓促和水平有限，其中肯定存在不少不足之处，恳请广大读者提出批评意见，以便再版时进行修订，使本书日臻完善。

任克良　陈怀涛

2014年3月

第一版前言

DIYIBANQIANYAN

随着人民生活水平的日益提高，近年来对兔产品（兔肉、兔皮、兔毛）的需求呈明显增长趋势。因此，促进了养兔业向高产、优质、高效方向发展。但兔病的大量发生和严重流行威胁着养兔业的健康和持续发展。兔的疾病十分复杂，当其一旦发生，养殖人员和基层往往措手不及，难以准确诊断，这就延误了治疗时机，造成重大的损失。为此，我们编写了《兔病诊疗原色图谱》一书，相信它对广大养兔者定会有所帮助。

本书内容涉及兔的细菌性传染病、病毒性传染病、霉菌病、寄生虫病、营养代谢疾病、中毒性疾病、其他常见病和肿瘤等，共60种。这些疾病在我国多有发生，危害严重。本书对每种病重点介绍了病原（或病因）、典型症状、诊断要点、防治措施和诊疗注意事项。为了使读者在发病现场尽快做出较正确诊断，并迅速采取防治措施，以达到控制疾病的目的，我们特选配了各种彩色照片240余幅。

本书的大部分图片是由作者在科研、教学和临诊实践中积累的，有些则由国内外学者或教学、研究单位所提供，在此一并表示谢意！

尽管作者为本书之面世做了不小努力，但因时间仓促和水平有限，其中的缺点和错误在所难免，因此恳请广大读者批评指正。

任克良　陈怀涛

2008年6月

目录

MULU

一、巴氏杆菌病

巴氏杆菌病是家兔的一种重要常见传染病，病原为多杀性巴氏杆菌，临诊病型多种多样。

【病原】多杀性巴氏杆菌为革兰氏阴性菌，两端钝圆、细小，呈卵圆形的短杆状。菌体两端着色深，但培养物涂片染色，两极着色则不够明显。

【典型症状与病变】败血型：急性时精神萎靡，停食，呼吸急促，体温达41℃以上，鼻腔流出浆液性、脓性鼻液。死前体温下降，四肢抽搐。病程短的24小时内死亡，长的1～3天死亡。流行初期有部分病例不显症状而突然死亡。剖检可见全身性出血、充血和坏死（图1-1至图1-9）。该型可单独发生或继发于其他任何一型巴氏杆菌病，但最多见于鼻炎型和肺炎型之后，此时可同时见到其他型的症状和病变。

肺炎型：以急性纤维素性化脓性肺炎和胸膜炎为特征。病初食欲不振，精神沉郁，主要症状为呼吸困难，常以败血症告终。剖检可见纤维素性、化脓性、坏死性肺炎以及纤维素性胸膜炎和心包炎变化（图1-10至图1-12）。

鼻炎型：以浆液性或黏脓性鼻液特征的鼻炎和副鼻窦炎为特征，从鼻腔流出大量鼻液（图1-13）。

中耳炎型：单纯中耳炎多无明显症状，如炎症蔓延至内耳或脑膜、脑质，则可表现斜颈，头向一侧偏斜（图1-14），甚至出现运动失调和其他神经症状（图1-15）。剖检时在一侧或两侧鼓室内有白色或淡黄色渗出物（图1-16）或中耳内充塞干酪样物质（图1-17）。鼓膜破裂时，从外耳道流出炎性渗出物。也可见化脓性内耳炎和脑膜脑炎。

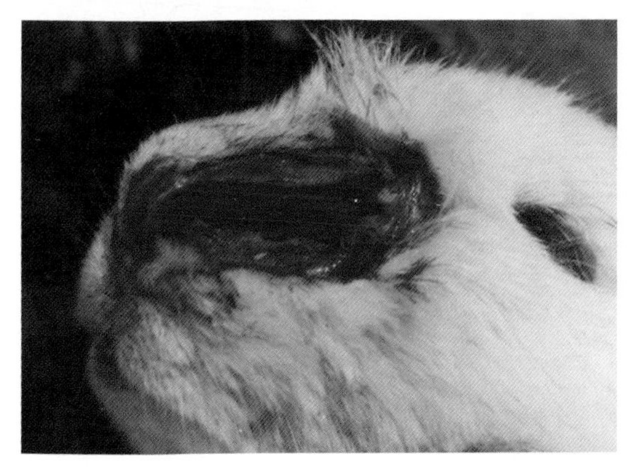

图1-1　浆液出血性鼻炎

鼻腔黏膜充血、出血、水肿，附有淡红色鼻液。(陈怀涛)

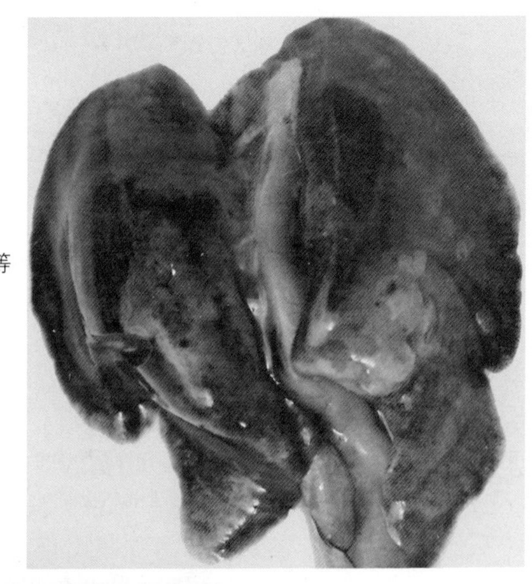

图1-2　出血性肺炎

肺充血、水肿，有许多大小不等的出血斑点。(陈怀涛)

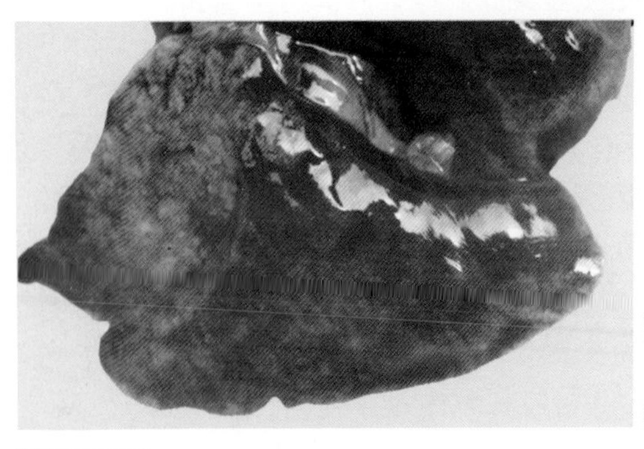

图1-3　纤维素性肺炎

部分肺叶因纤维素渗出而质地实在，呈明显肝变。(陈怀涛)

图1-4　心包积液

心包腔积液，心外膜和肺表面有大量出血斑点。（陈怀涛）

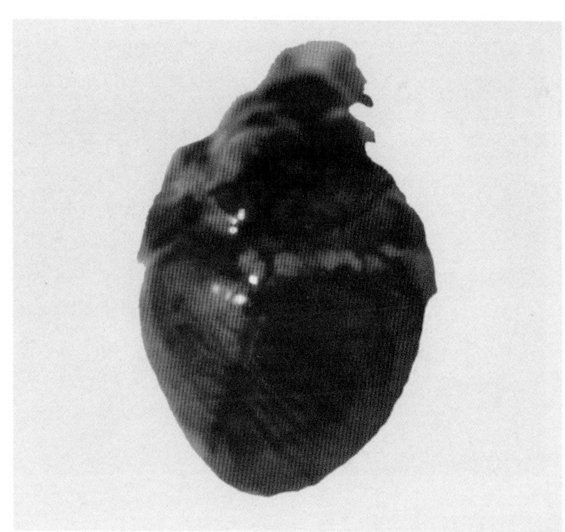

图1-5　心外膜出血

心外膜血管充血并有明显出血。（陈怀涛）

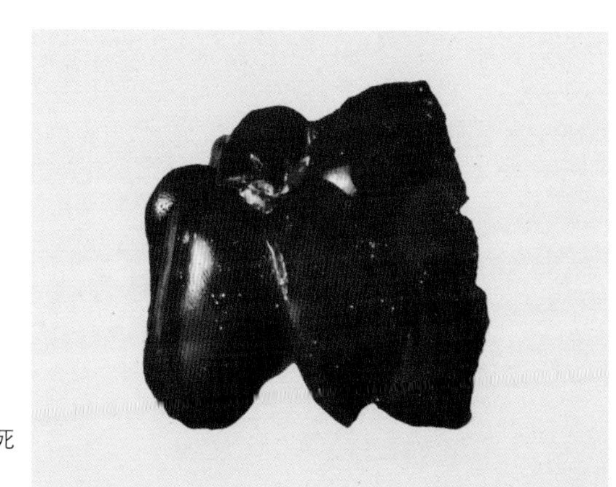

图1-6　肝有坏死点

肝表面散在大量灰黄色坏死点。（陈怀涛）

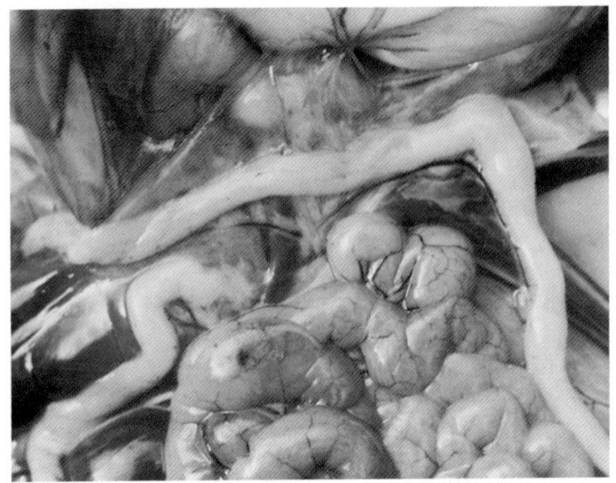

图1-7　肠浆膜出血

结肠和空肠浆膜散在较多出血斑点。（陈怀涛）

图1-8　淋巴结出血

肠系膜淋巴结肿大、出血。（陈怀涛）

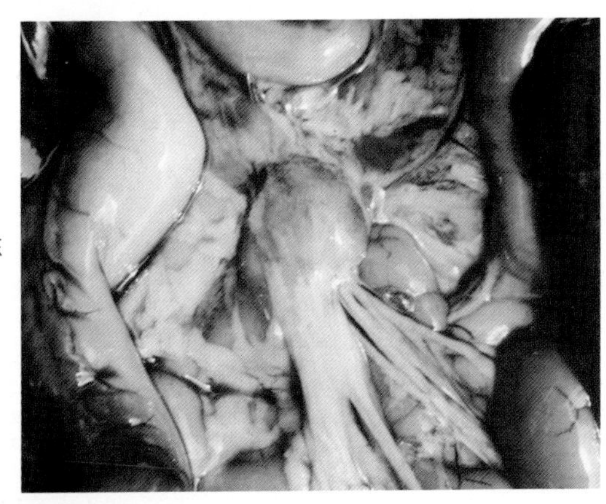

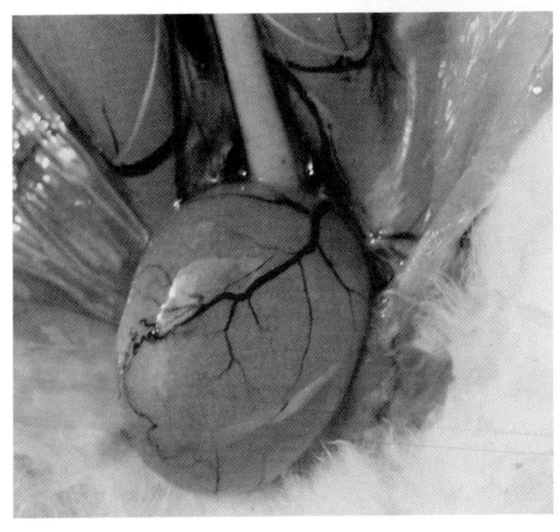

图1-9　膀胱积尿

膀胱积尿，血管怒张；直肠浆膜有出血点。（陈怀涛）

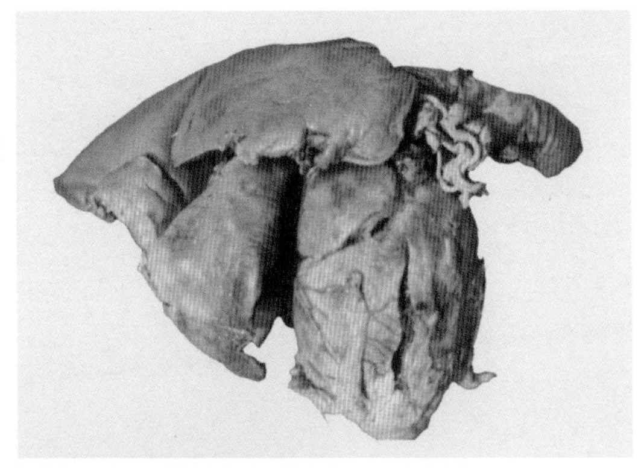

图1-10 纤维素性胸膜肺炎

肺脏和心外膜有纤维素性化脓性渗出物。(陈怀涛)

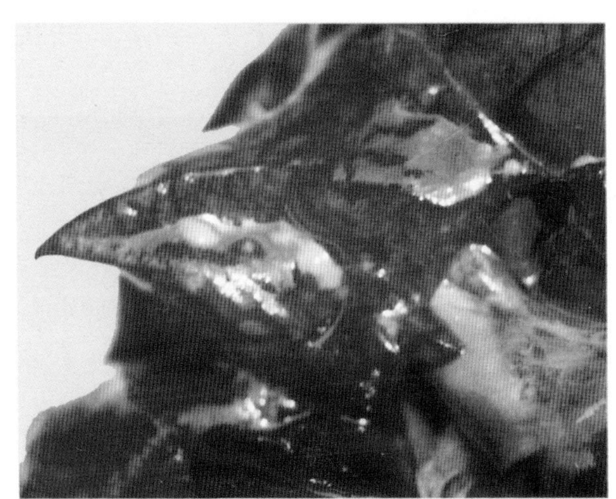

图1-11 化脓性肺炎

肺脏质地实在，颜色灰红，切面有灰黄色脓液流出。(陈怀涛)

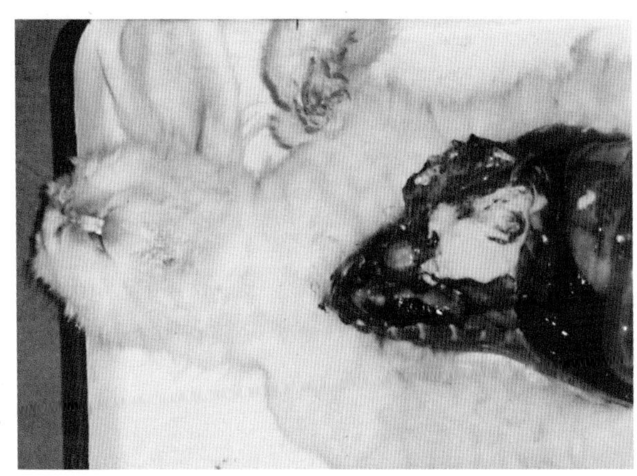

图1-12 肺脏脓肿

肺脏有脓肿，脓肿内为大量白色脓汁。(任克良)

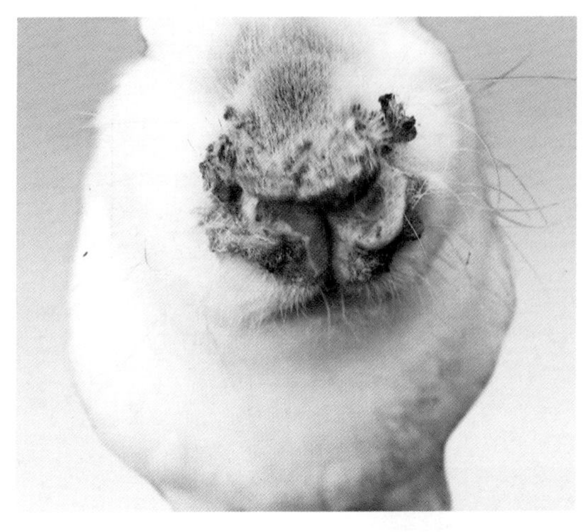

图1-13　黏脓性鼻炎

鼻孔周围有大量黏脓性分泌物附着，分泌物干涸，病兔呼吸困难。（任克良）

图1-14　中耳炎

病兔中耳炎已侵及脑部，故出现斜颈症状，同时见采食困难，有黏液性鼻液流出。（任克良）

图1-15　中耳炎

中耳炎致脑部病变时，头颈明显偏向一侧，运动失调。（任克良）

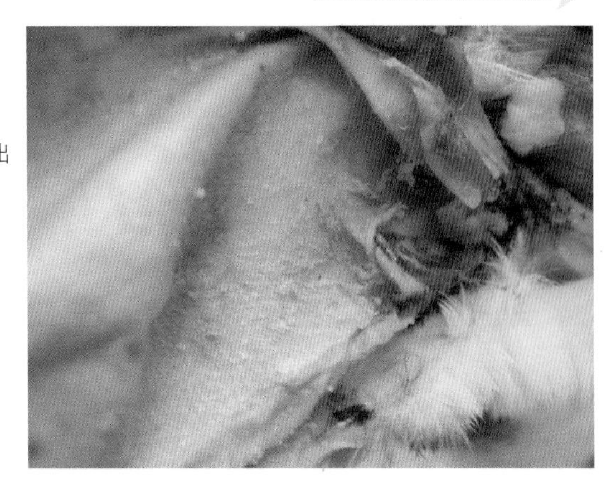

图1-16　中耳炎

外耳与内耳内有淡黄色渗出物。（任克良）

图1-17　中耳炎

中耳内充塞干酪样物质。（陈怀涛）

结膜炎型：眼睑中度肿胀，结膜发红（图1-18），有浆液性、黏液性或黏液脓性分泌物，有的还伴有鼻炎（图1-19）。

生殖系统感染型：母兔感染时可无明显症状，或表现为不孕并有

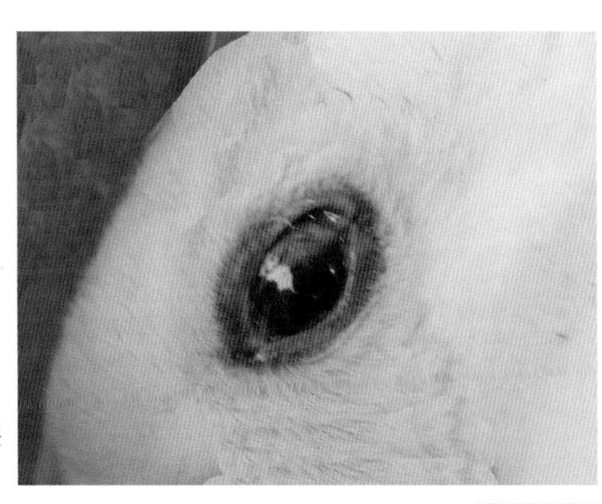

图1-18　结膜炎

眼结膜潮红，眼睑肿胀。（任克良）

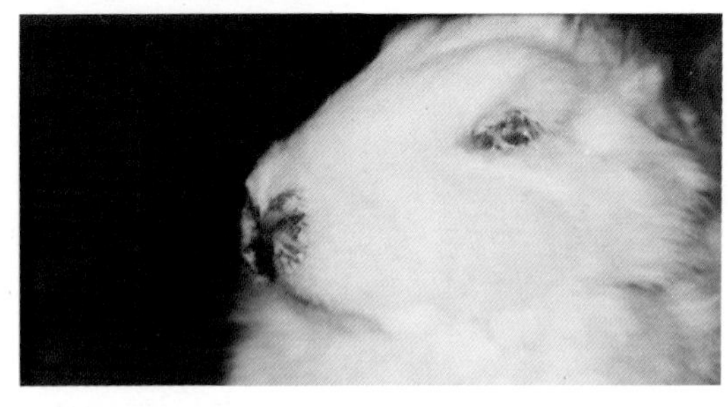

图1-19　结膜炎

结膜发炎，有黄白色脓性分泌物。（任克良）

黏液性脓性分泌物从阴道流出。子宫内扩张，黏膜充血，内有脓性渗出物（图1-20，图1-21）。公兔感染初期附睾出现病变，随后一侧或两侧的睾丸肿大，质地坚实，有的发生脓肿（图1-22）。

脓肿型：全身各部皮下、内脏均可发生脓肿。皮下脓肿可触摸到。脓肿内含有白色、黄褐色奶油状脓汁。

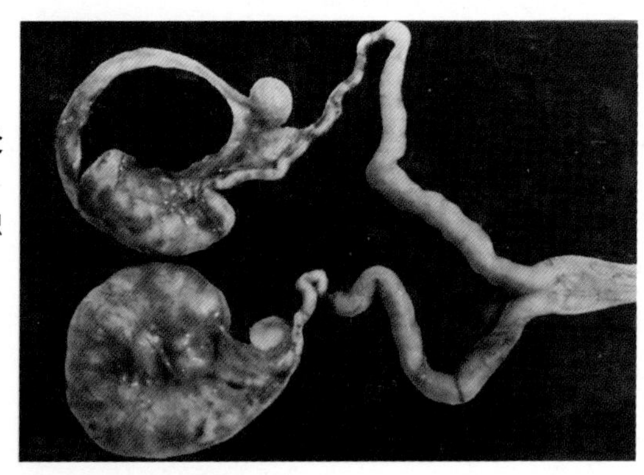

图1-20　化脓性子宫内膜炎与输卵管炎

子宫角与输卵管因脓液大量积聚而增粗。（范国雄）

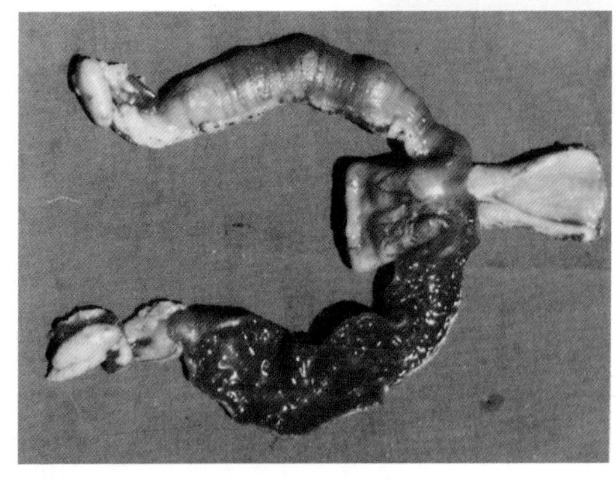

图1-21　出血性化脓性子宫内膜炎

子宫黏膜充血、水肿并有灰红色脓液。（陈怀涛）

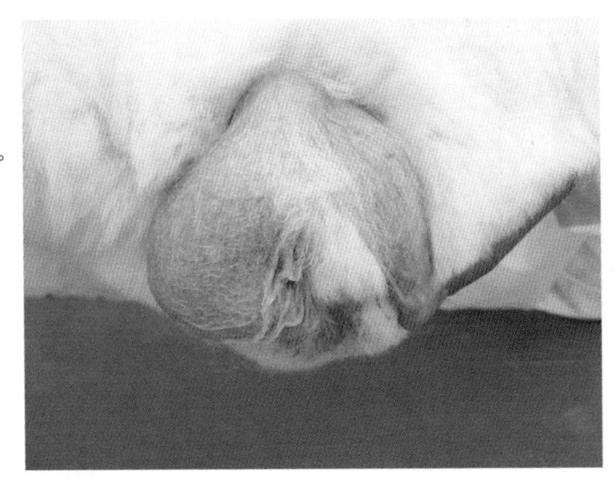

图1-22 睾丸炎
睾丸明显肿大，质地坚实。(任克良)

【诊断要点】春、秋季多发，呈散发或地方性流行。除精神委顿、不食与呼吸急促外，根据不同病型的症状、病理变化可做出初步诊断，确诊需做细菌学检查。

【防治措施】建立无多杀性巴氏杆菌种兔群。定期消毒兔舍，降低饲养密度，加强通风。对兔群经常进行临诊检查，将流鼻涕、鼻毛潮湿蓬乱、中耳炎、结膜炎的兔及时检出，隔离饲养和治疗。每年两次皮下注射兔巴氏杆菌灭活菌苗，每次注射1毫升。

治疗：①青霉素、链霉素联合注射。每千克体重青霉素2万～4万单位、链霉素20毫克，混合一次肌内注射，每天2次，连用3天。②磺胺二甲嘧啶，内服，首次量每千克体重0.2克，维持量为0.1克，每天2次，连用3～5天。③皮下注射抗巴氏杆菌高免血清，每千克体重6毫升，8～10小时再重复注射1次。

【诊疗注意事项】本病型较多，因此诊断时要特别仔细，并注意与兔病毒性出血症、葡萄球菌病、波氏杆菌病、李氏杆菌病等鉴别。

二、魏氏梭菌病

兔魏氏梭菌病又称兔梭菌性肠炎，是由A型或E型魏氏梭菌及其所产生的外毒素引起的一种急性肠毒血症，发病率和死亡率很高，是兔的重要传染病之一。

【病原】主要为A 型魏氏梭菌（图2-1），少数为E型魏氏梭菌。本菌属条件性致病菌，革兰氏染色阳性，厌氧条件下生长繁殖良好。可产生多种毒素。

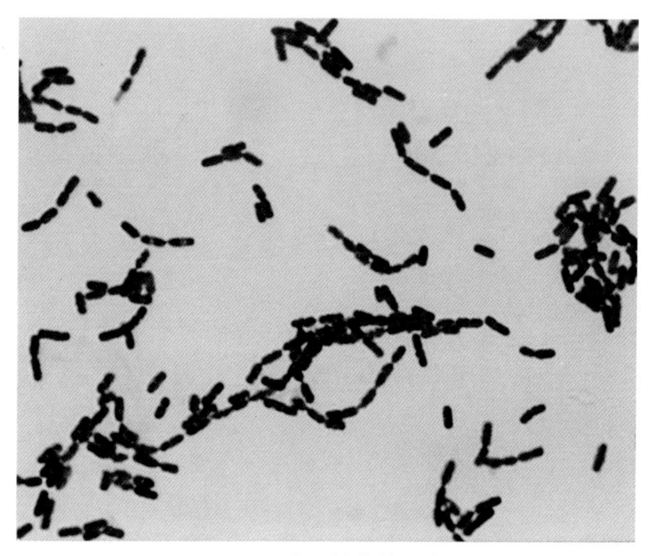

图2-1　魏氏梭菌的形态

纯培养物中魏氏梭菌的形态，呈革兰氏阳性大杆菌，芽孢位于菌体中央，呈卵圆形。Gram × 1 000（王永坤）

【典型症状与病变】急性腹泻。粪便有特殊腥臭味，呈黑褐色或黄绿色，污染肛门等部（图2-2，图2-3）。轻摇兔体可听到“咣、咣”的拍水声。有水样腹泻的病兔多于当天或次日死亡。流行期中也可见无下痢症状即迅速死亡的病例。胃多胀满，黏膜脱落，有出血斑点和溃疡（图2-4至图2-7）。小肠壁充血、出血，肠腔充满含气泡的稀薄内容物（图2-8、图2-9）。盲肠黏膜有条纹状出血，内容物呈黑红色或黑褐色水样（图2-11，图2-11）。心脏表面血管怒张呈树枝状（图2-12）。有的膀胱积有茶色或蓝色尿液（图2-13）。

【诊断要点】①发病不分年龄，以1～3月龄幼兔多发；饲料配方、气候突变、长期饲喂抗生素等多种应激均可诱发本病。②急性腹泻后迅速死亡，粪便稀，常带血液；通常体温不高。③胃与盲肠有出血、溃疡等特征病变。④抗生素治疗无效。⑤病原菌及其毒素检测。

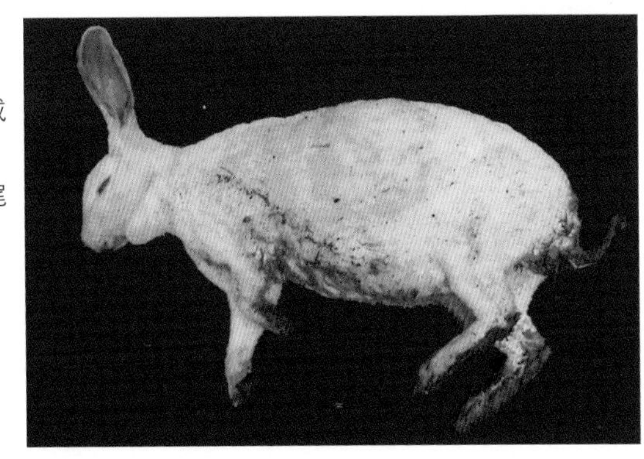

图2-2　腹泻，腹部膨大（成年兔）

水样粪便污染肛门周围及尾部。（任克良）

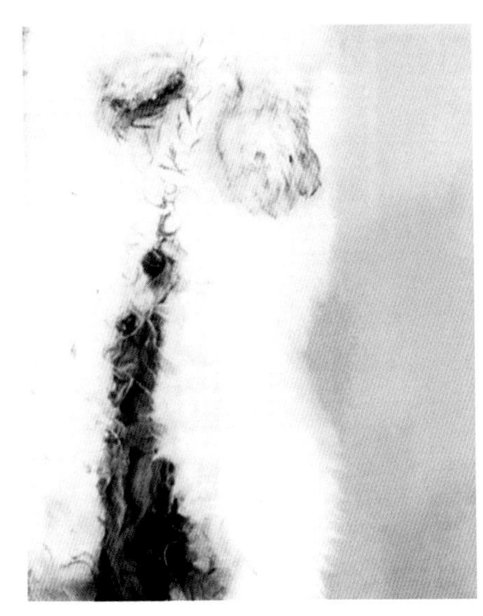

图2-3　被毛污染

腹部、肛门周围和后肢被毛被水样稀粪或黄绿色粪便沾污。（任克良）

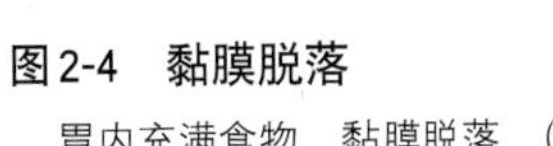

图2-4　黏膜脱落

胃内充满食物，黏膜脱落。（任克良）

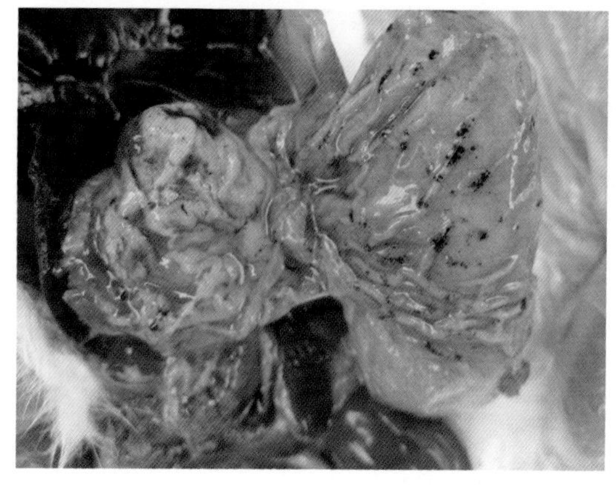

图2-5　出血性胃炎

胃黏膜脱落，有大量出血斑和出血点。（任克良）

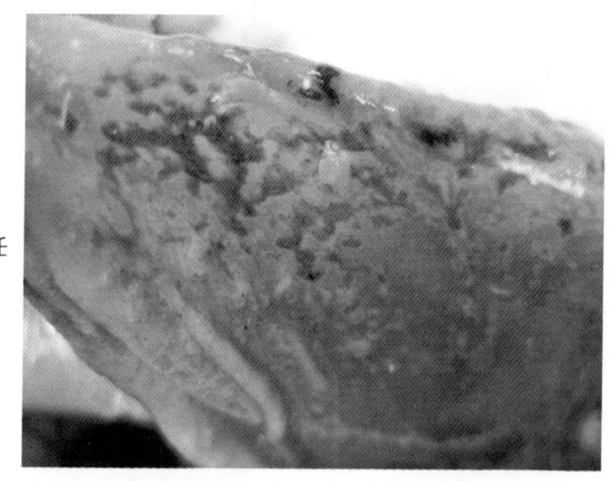

图2-6　溃疡性胃炎

胃黏膜有许多浅表性溃疡。（任克良）

图2-7　胃黏膜的黑色溃疡

通过胃浆膜可见到胃黏膜有大小不等的黑色溃疡斑点。（任克良）

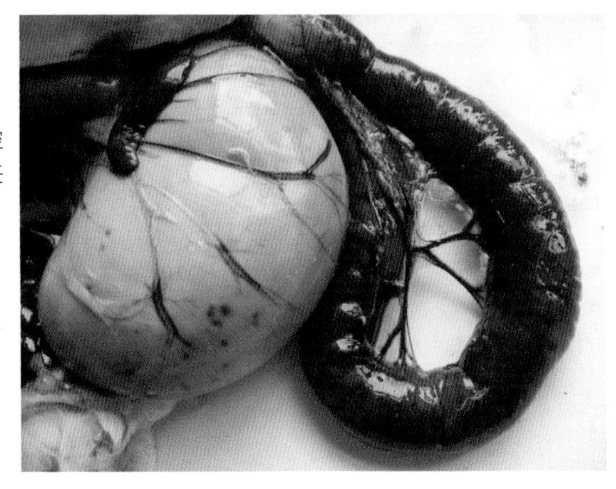

图2-8　肠壁瘀血、出血

小肠壁瘀血、出血，肠腔充满气体和稀薄内容物。（任克良）

图2-9　肠内容物稀薄

小肠壁瘀血，肠腔充满含气泡的淡红色稀薄内容物。（陈怀涛）

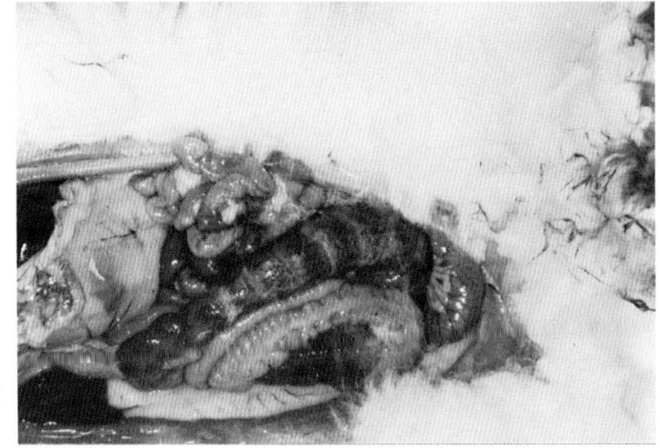

图2-10　盲肠黏膜出血

盲肠黏膜出血，呈横向红色条带形。（任克良）

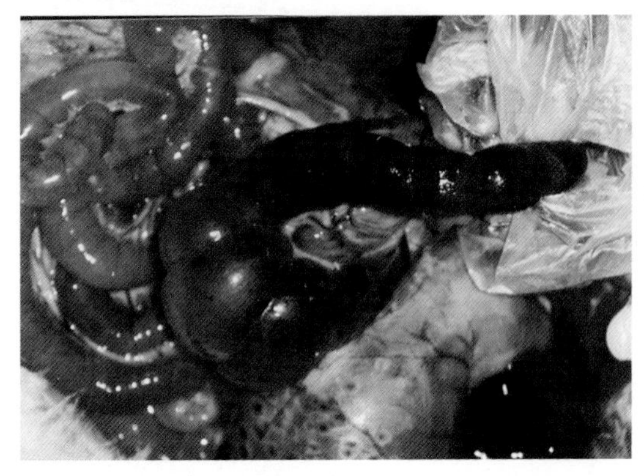

图2-11　出血性盲肠炎

盲肠壁色暗红，肠内充满气体和黑红色内容物。(任克良)

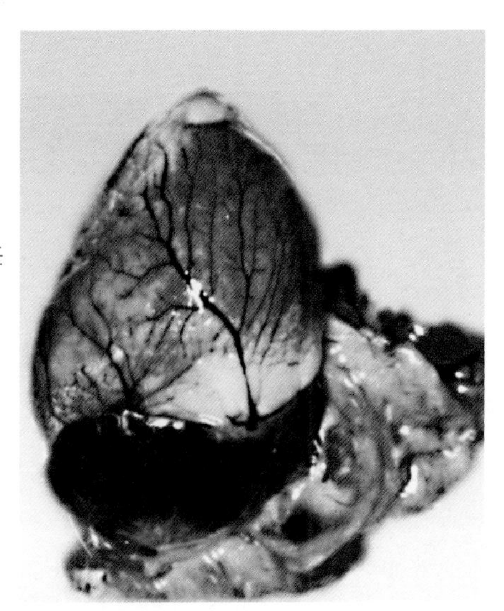

图2-12　心外膜充血

心脏表面血管怒张，呈树枝状充血。(任克良)

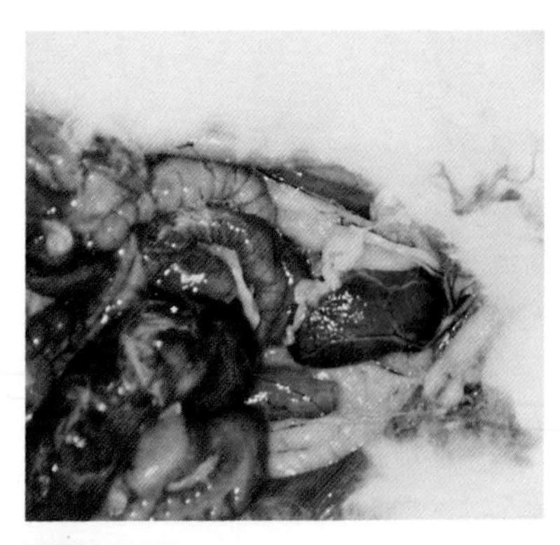

图2-13　膀胱积尿

膀胱积尿，尿液呈蓝色。(任克良)

【防治措施】日粮中应有足够的粗纤维，变换饲料逐步进行，减少各种应激的发生。兔群定期皮下注射A型魏氏梭菌灭活苗，每年2次，每次2毫升。

发生本病后，及时隔离病兔，对患兔兔笼及周围环境进行彻底消毒。在饲料中增加粗饲料比例的同时，还应注射A型魏氏梭菌高免血清，每千克体重2～3毫升，皮下、肌内或静脉注射。感染早期可使用卡那霉素，每千克体重20毫升，肌内注射，每天2次，连用3天。同时配合对症治疗，如腹腔注射5%葡萄糖生理盐水进行补液，口服食母生（每只5～8克）和胃蛋白酶（每只1～2克），疗效更好。

【诊疗注意事项】诊断本病时应抓住腹泻症状和出血性胃肠炎的病变。由于腹泻，故注意与泰泽氏菌病、大肠杆菌病、沙门氏菌病、球虫病等疾病作鉴别。治疗对初期效果较好，晚期无效。对无临诊症状的兔紧急注射疫苗，剂量加倍。

三、大肠杆菌病

兔大肠杆菌病又称兔黏液性肠炎，是由一定血清型的致病性大肠杆菌及其毒素引起的一种暴发性、死亡率很高的仔兔、幼兔肠道传染病。本病的特征为排水样或胶冻样粪便及脱水。本病是断奶前后家兔死亡的主要疾病之一。

【病原】埃希氏大肠杆菌，为革兰氏阴性菌，呈椭圆形。引起仔兔大肠杆菌病的主要血清型有O_{128}、O_{85}、O_{88}、O_{119}、O_{18}和O_{26}等。

【典型症状与病变】以下痢、流涎为主。最急性的未见任何症状突然死亡，急性的1～2天内死亡，亚急性的7～8天死亡。体温正常或稍低，四肢发冷，磨牙，精神沉郁，被毛粗乱，腹部膨胀（肠道充满气体和液体所致）。病初有黄色明胶样黏液和附着有该黏液的干粪排出（图3-1）。有时带黏液粪球与正常粪球交替排出，随后出现黄色水样稀粪或白色泡沫状粪便，肛门污染（图3-2，图3-3）。主要病理变化为胃肠炎，肠道尤其是大肠内有黏液样分泌物，小肠内含有较多气体，也可见其他病变（图3-4至图3-10）。

图 3-1　病兔粪便

患兔排出大量淡黄色明胶样黏液和干粪球。(任克良)

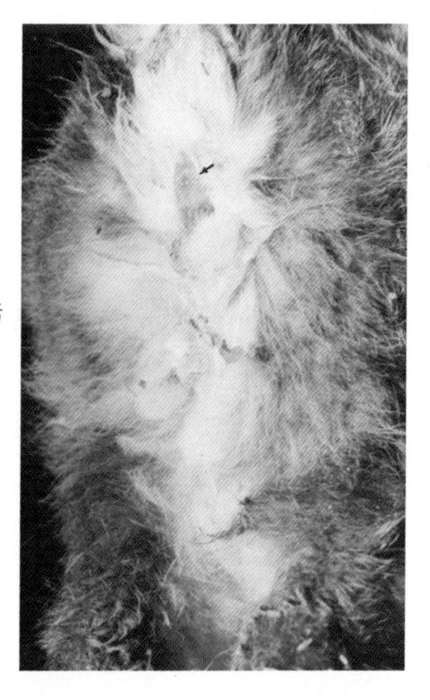

图 3-2　肛门污染

肛门附有胶样排泄物，附近被毛被淡黄色粪便污染。(陈怀涛)

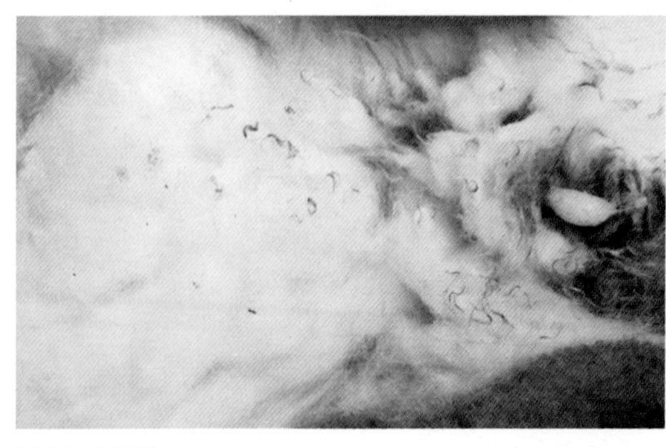

图 3-3　泡沫状粪便

流行期，有的肛门仅排出白色泡沫状粪便。(任克良)

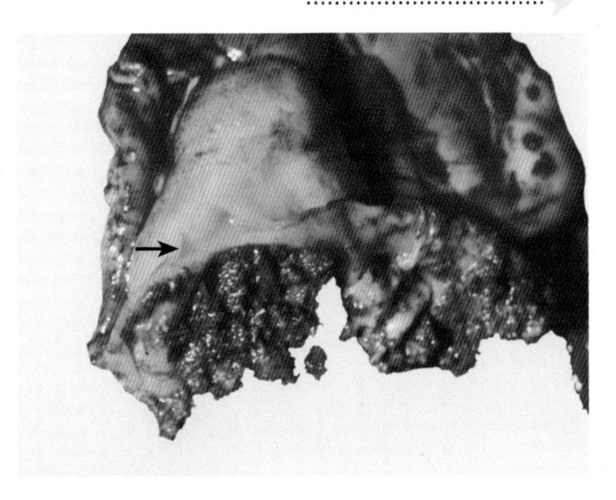

图 3-4　胃壁水肿

胃壁水肿（↑），黏膜脱落。（陈怀涛）

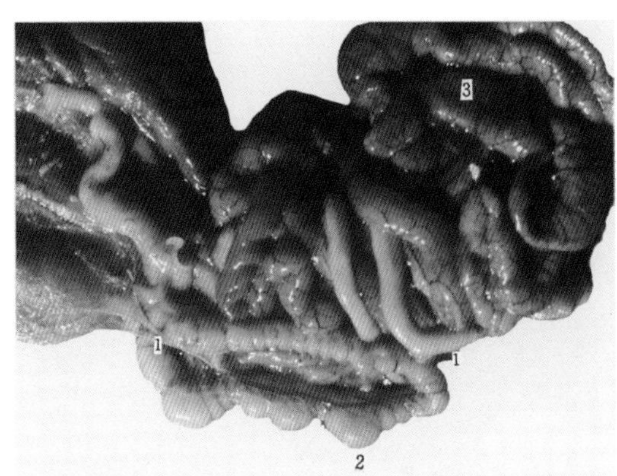

图 3-5　黏液性肠炎的外观
（陈怀涛）

1.结肠壁贫血，色灰白　2.肠腔有气体　3.空肠壁瘀血，色暗红

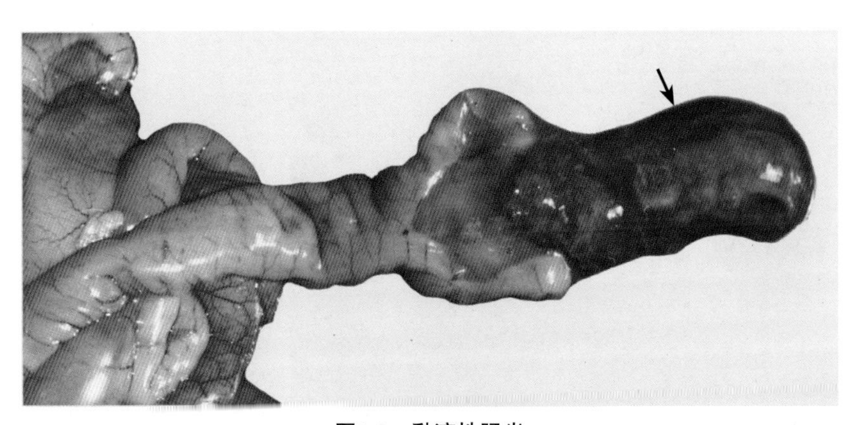

图3-6　黏液性肠炎

剖开结肠，有大量胶样物流出（↑），粪便被胶样物包裹。（陈怀涛）

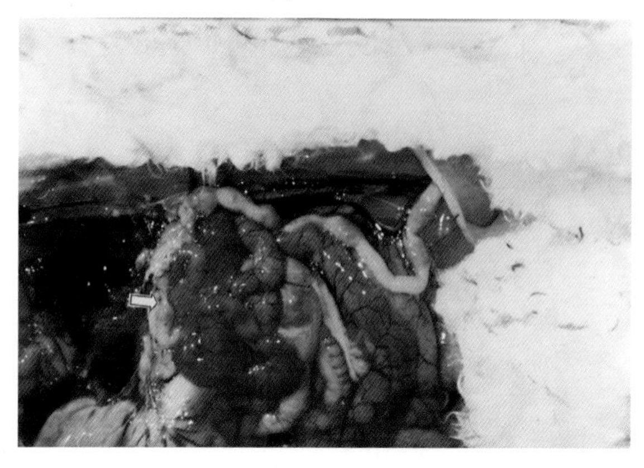

图3-7 黏液性肠炎

小肠内充满气体和淡黄色黏液。(任克良)

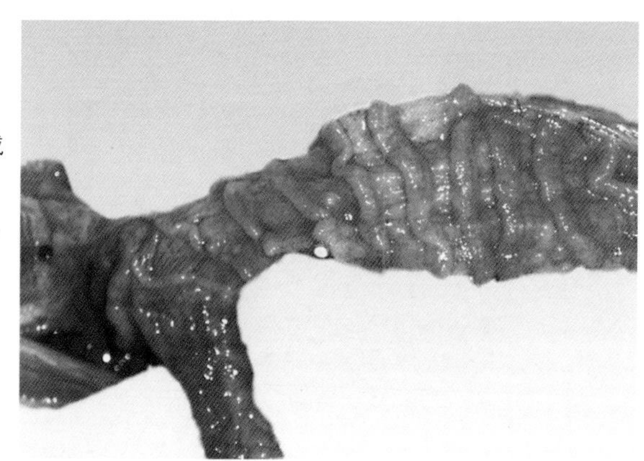

图3-8 黏液性盲肠炎(成年兔)

盲肠黏膜水肿，色暗红，附有黏液。(任克良)

图3-9 胃臌气(哺乳仔兔)

胃臌气、膨大，小肠内充满半透明黄绿色胶样物。(任克良)

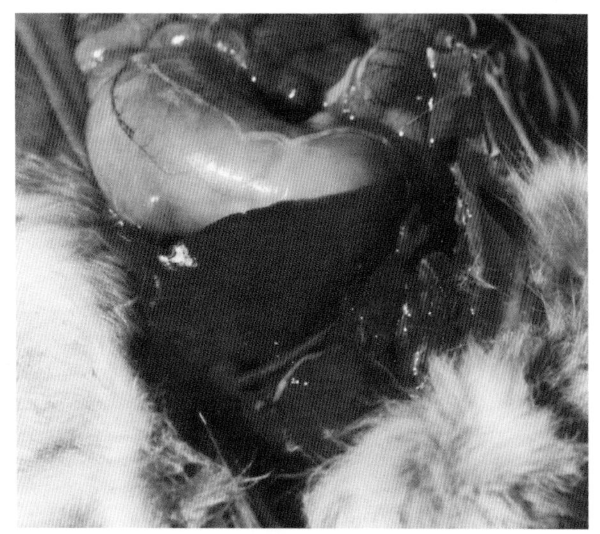

图3-10　肝坏死灶

肝表面可见黄白色小点状坏死灶。（陈怀涛）

【诊断要点】①有改变饲料配方、饲喂量变化、笼位变化、气候突变等应激史。②断奶前后仔兔、幼兔多发。③从肛门排出黏胶状物。④有明显的黏液性肠炎病变。⑤病原菌及其毒素检测。

【防治措施】减少各种应激。仔兔断奶前后不能突然改变饲料，提倡原笼原窝饲养，饲喂要定时定量，春秋季要注意保持兔舍温度的相对恒定。20 ～ 25日龄仔兔皮下注射大肠杆菌灭活苗。用本场分离的大肠杆菌制成的菌苗预防注射，效果最好。

治疗：①最好先对病兔分离到的大肠杆菌做药敏试验，选择较敏感的药物进行治疗，如诺氟沙星、环丙沙星、恩诺沙星等。②链霉素，每千克体重20毫克肌内注射，每天2次，连用3 ～ 5天。③庆大霉素，每只兔1万～ 2万单位肌内注射，每天2次，连用3 ～ 5天；也可在饮水中添加庆大霉素药物。④促菌生菌液，每只2毫升（约10亿活菌）口服，每天1次，连用3次。⑤对症治疗。可皮下或腹腔注射葡萄糖生理盐水或口服生理盐水等，以防脱水。

【诊疗注意事项】注意与有腹泻症状的泰泽氏病、球虫病、沙门氏菌病、魏氏梭菌病等作鉴别。但本病腹泻的特征是黏胶样肠内容物，这是鉴别要点之一。本病早期治疗效果较好，晚期治疗效果差。定期注射菌苗是预防兔群发病的重要措施。

四、葡萄球菌病

兔葡萄球菌病是由金黄色葡萄球菌引起的常见传染病，其特征为身体各器官脓肿形成或发生致死性脓毒败血症。

【病原】金黄色葡萄球菌在自然界分布广泛，为革兰氏染色阳性，能产生高效价的8种毒素。家兔对本菌特别敏感。

【典型症状与病变】常表现以下几种病型：

1.脓肿　原发性脓肿多位于皮下或某一内脏（图4-1至图4-3），手摸时兔有痛感，稍硬，有弹性，以后逐渐增大变软。脓肿破溃后流

图4-1　脓　肿

颈侧有一脓肿，已破溃，脓液呈白色乳油状。（任克良）

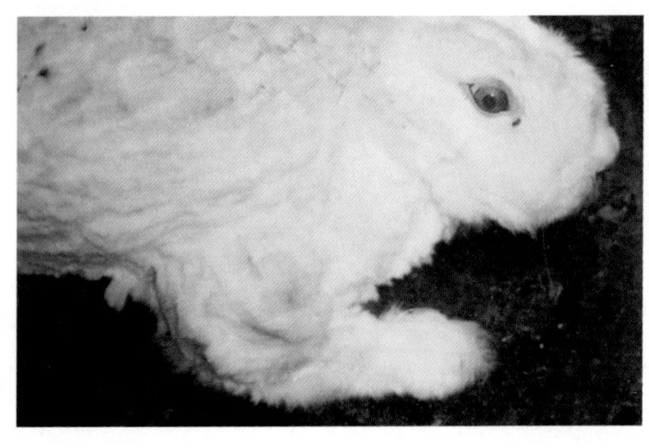

图4-2　脓　肿

右前肢外侧有一脓肿。（任克良）

出黏稠、乳白色的脓液。一般患兔精神、食欲正常。以后可引起脓毒血症，并在多脏器发生转移性脓肿或化脓性炎症（图4-4）。

图4-3　脓　肿

下唇部的一个脓肿，因其影响采食致病兔消瘦。（任克良）

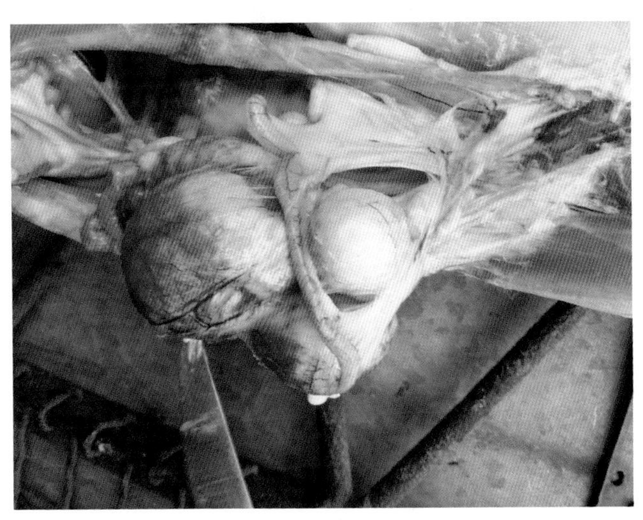

图4-4　脓　肿

腹腔内有数个大小不等的脓肿，内有白色乳油状脓液。（任克良）

2.仔兔脓毒败血症　出生后2～3天皮肤发生粟粒大白色脓疱（图4-5、图4-6），脓汁呈乳白色乳油状，多数在2～5天以败血症死亡。剖检时肺脏和心脏也常见许多白色小脓疱。

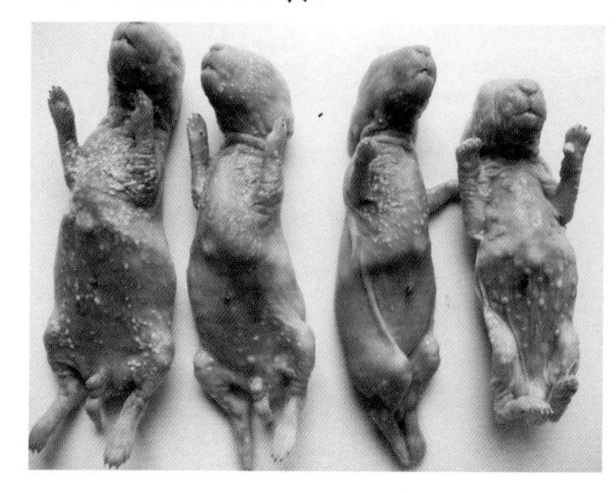

图4-5　皮肤多发性脓疱

皮肤上散在许多粟粒大的小脓疱。（任克良）

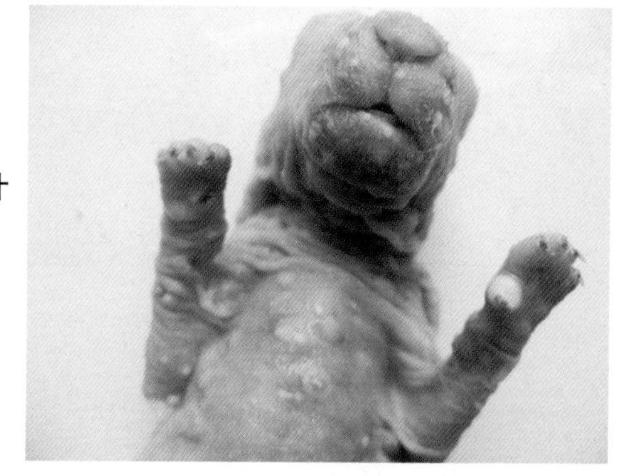

图4-6　脓疱中有白色脓汁
（任克良）

3. **乳房炎**　产后5～20天的母兔多发。在急性病例，乳房肿胀、发热，色红有痛感。乳汁中混有脓液和血液。慢性时，乳房局部形成大小不一的硬块，之后发生化脓，脓肿也可破溃流出脓汁（图4-7、图4-8）。详见本书乳房炎。

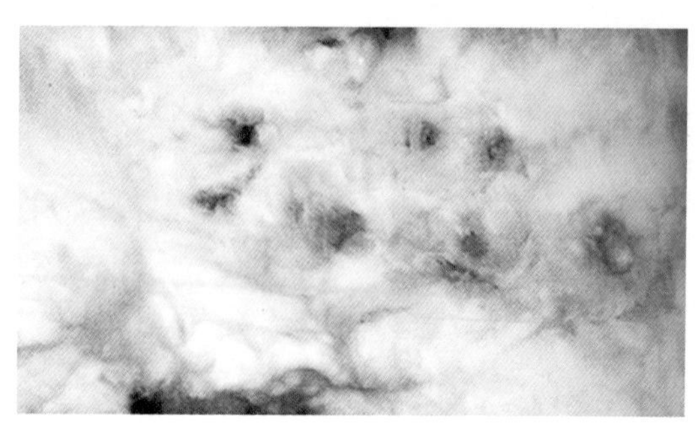

图4-7　化脓性乳房炎

数个乳头周围都有脓肿形成。（任克良）

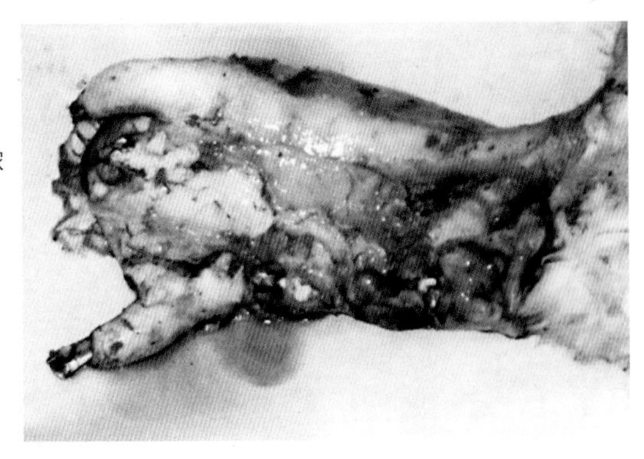

图4-8 化脓性乳房炎

乳腺区切面见许多大小不等的脓肿，脓液呈白色乳油状。(任克良)

4.**仔兔急性肠炎**（黄尿病） 因仔兔食入患乳房炎母兔的乳汁而引起。一般全窝发生，病仔兔肛门四周和后肢，甚至被黄色稀粪污染（图4-9、图4-10），仔兔昏睡，不食，死亡率高。剖检见出血性胃肠炎病变（图4-11、图4-12）。膀胱极度扩张并充满尿液，氨臭味极浓（图4-13）。

图4-9 同窝仔兔相继发病，全身被毛被黄色稀粪污染（任克良）

图4-10 仔兔急性肠炎

肛门四周和后肢被毛被稀粪污染。(任克良)

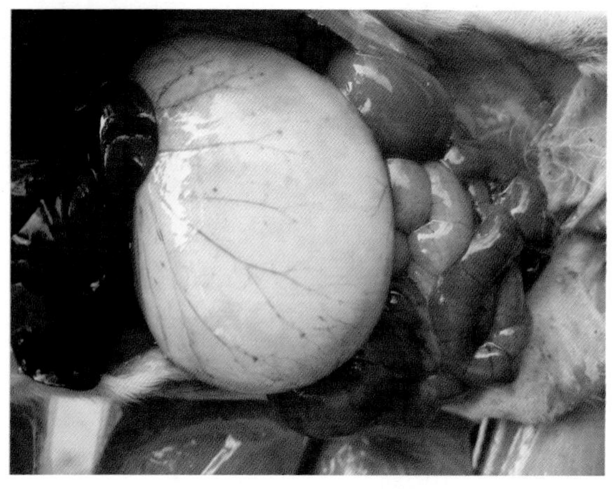

图4-11　出血性肠胃炎

胃内充满食物（乳汁），浆膜出血，小肠壁瘀血色红。（任克良）

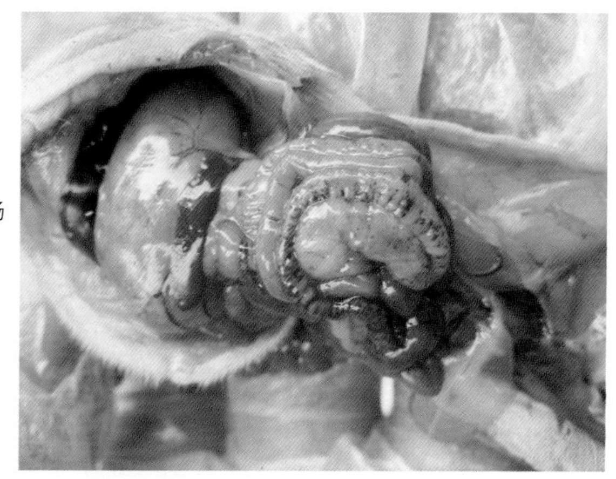

图4-12　肠浆膜出血

肠浆膜有大量出血点，小肠内充满淡黄色黏液。（任克良）

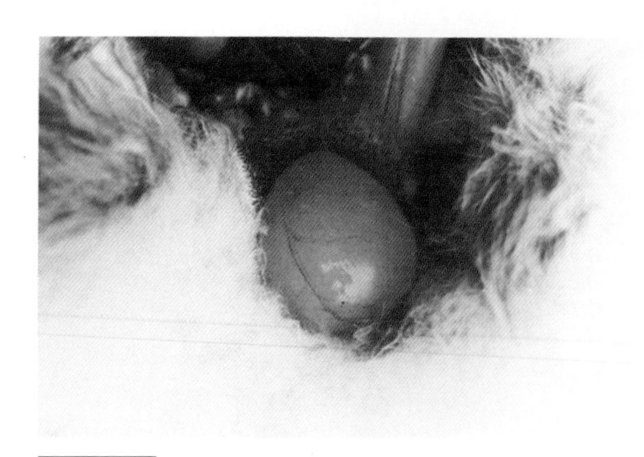

图4-13　膀胱积尿

膀胱扩张，充满淡黄色尿液。（陈怀涛）

5. 足皮炎、脚皮炎 足皮炎的病变部大小不一，多位于后肢跖趾区的跖侧面（图4-14），偶见于前肢掌指区的跖侧面。脚皮炎在足底部。病变部皮肤脱毛、红肿，之后形成脓肿、破溃，最终形成大小不一的溃疡面（图4-15）。病兔小心换脚休息，跛行，甚至出现高跷腿，弓背等症状。有的病例可因败血症迅速死亡。

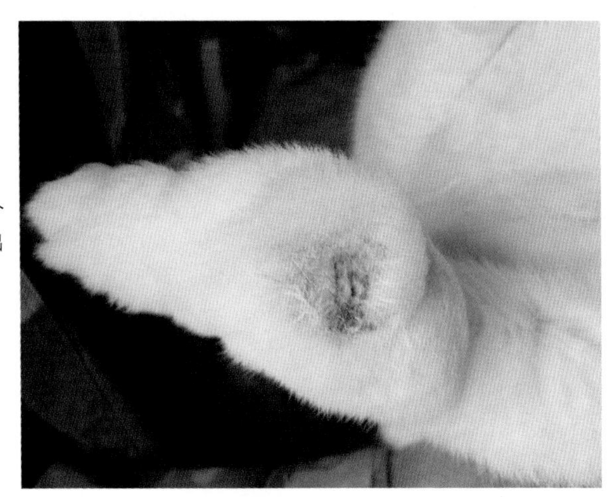

图4-14 足皮炎

后肢跖趾区跖侧面的一个脓肿，已经发生破溃，流出白色乳油状脓液。（任克良）

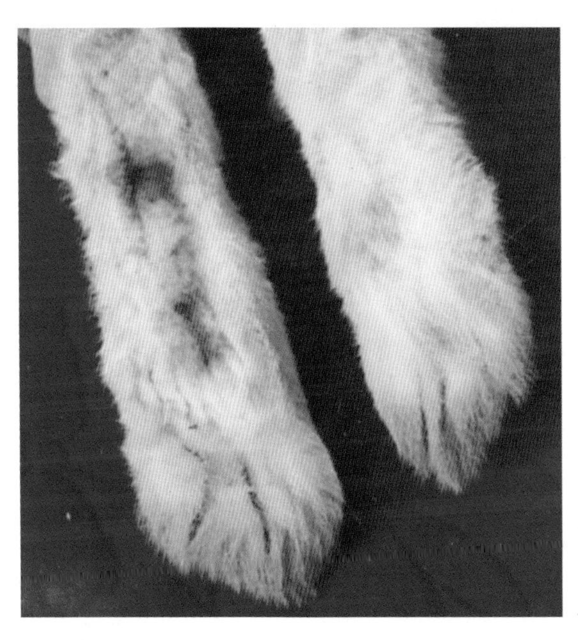

图4-15 化脓性脚皮炎

一肢脚掌皮肤充血、出血，局部化脓破溃。（陈怀涛）

【诊断要点】根据皮肤、乳房和内脏器官的脓肿及腹泻等症状与病变可怀疑本病，确诊应进行病原菌分离鉴定。

【防治措施】清除兔笼内一切锋利的物品；产箱内垫草要柔软、清洁；兔体受外伤时要及时作消毒处理；注射疫苗部位要作消毒处理；产仔前后的母兔适当减少饲喂量和多汁饲料供给量；对发病率高的兔群要定期注射葡萄球菌流行菌株制成的菌苗，每年2次，每次皮下注射1毫升。

局部治疗：局部脓肿与溃疡按常规外科处理，涂擦5%龙胆紫酒精溶液，或3%～5%碘酒、3%结晶紫石炭酸溶液、青霉素软膏、红霉素软膏等药物。

全身治疗：新青霉素Ⅱ，每千克体重10～15毫克，肌内注射，每天2次，连用4天。也可用四环素、磺胺类药物治疗。

【诊疗注意事项】眼观初步诊断时一定要发现化脓性炎症，要注意仔兔急性肠炎与其他疾病所致的肠炎做鉴别。由于巴氏杆菌病、绿脓杆菌病等也可表现化脓性炎症，因此要从病原和病变等多方面来做鉴别。治疗仔兔急性肠炎时，要对母兔和仔兔同时治疗。

五、支气管败血波氏杆菌病

支气管败血波氏杆菌病是由支气管败血波氏杆菌引起家兔的一种呼吸器官传染病，其特征为鼻炎和支气管肺炎，前者常呈地方性流行，后者则多是散发性。本病多见于气候多变的春、秋两季。

【病原】支气管败血波氏杆菌，为一种细小杆菌，革兰氏染色阴性，常呈两极染色，是家兔上呼吸道的常在性寄生菌。

【典型症状与病变】鼻炎型：较为常见，多与巴氏杆菌混合感染，鼻腔流出浆液或黏液性分泌物（通常不呈脓性）（图5-1）。病程短，易康复。支气管肺炎型：鼻腔流出黏性至脓性分泌物，鼻炎长期不愈，病兔精神沉郁，食欲不振，逐渐消瘦，呼吸加快。成年兔多为慢性，仔、幼兔和青年兔常呈急性。剖检时，如为支气管肺炎型，支气管腔可见混有泡沫的黏脓性分泌物，肺有大小不等、数量不一的脓疱，肝、肾、睾丸等器官也可见或大或小的脓疱（图5-2至图5-8）。

图5-1　鼻　炎

鼻孔流出黏液性鼻液。(任克良)

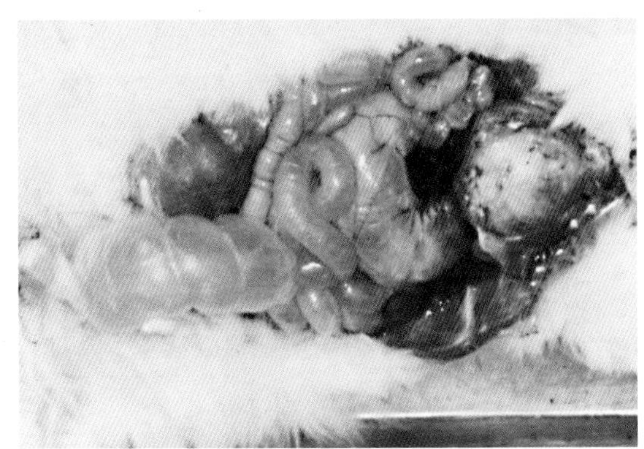

图5-2　肺脓疱

肺上有一个约鸡蛋大小的脓疱。(任克良)

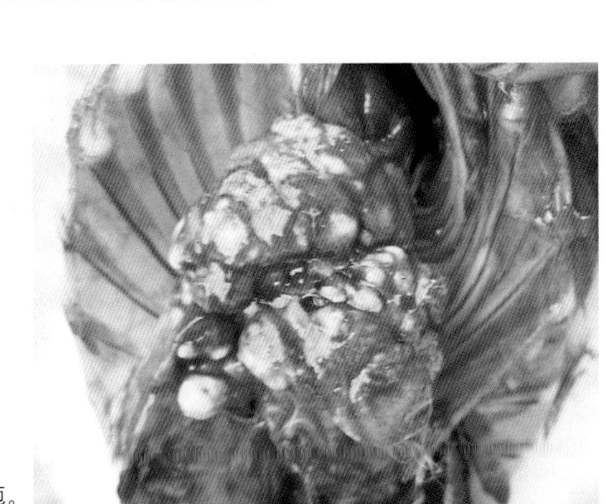

图5-3　肺脓疱

肺的表面和实质见大量脓疱。(任克良)

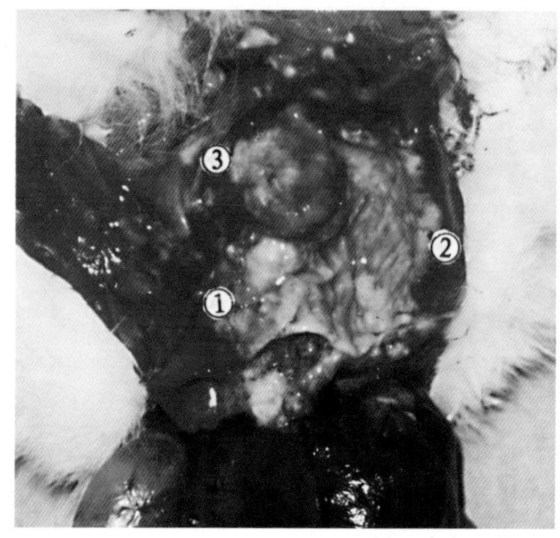

图5-4　胸腔与心包腔积脓

哺乳仔兔左肺与胸腔表面有脓汁粘附，心包腔内有黏稠、乳油样的白色脓液。(任克良)

1.左肺　2.胸腔表面　3.心包腔

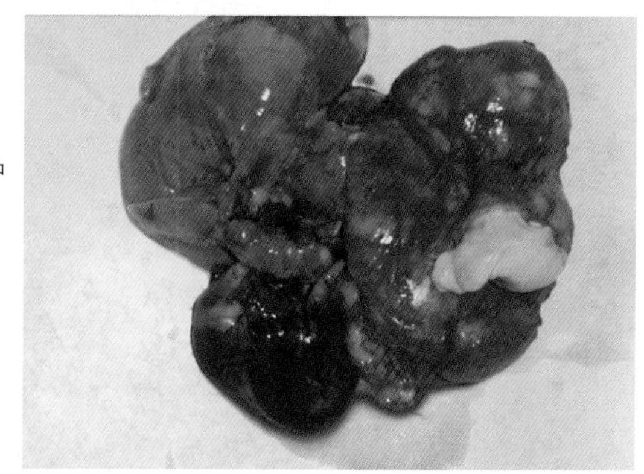

图5-5　肺脓疱

肺上的一个脓疱已切开，从中流出白色乳油状脓汁。(任克良)

图5-6　肝多发性脓疱

肝脏密布许多较小的脓疱。(王永坤)

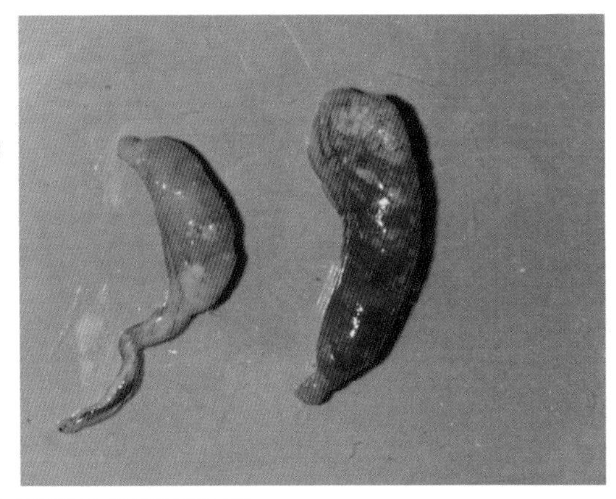

图5-7　睾丸脓疱

两个睾丸中均有一些大小不等的脓疱。(王永坤)

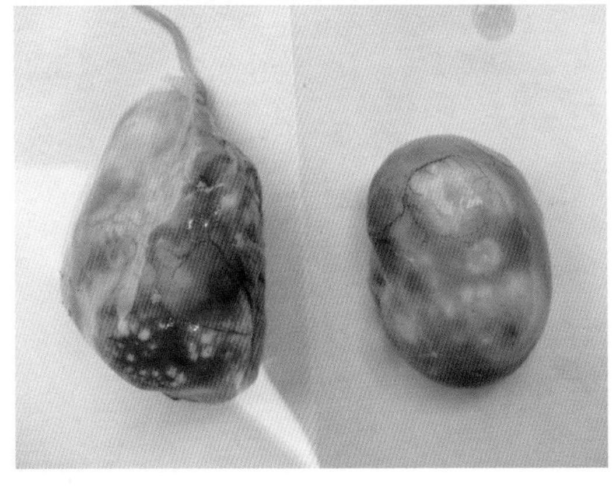

图5-8　肾脓疱

肾脏表面可见大小不等的脓疱。(任克良)

【诊断要点】①有明显鼻炎、支气管肺炎症状。②有特征性的化脓性支气管肺炎和肺脓疱等病变。③病原菌分离鉴定。

【防治措施】保持兔舍清洁和通风良好。及时检出、治疗或淘汰有呼吸道症状的病兔。定期注射兔波氏杆菌灭活苗，每只皮下注射1毫升，免疫期6个月，每年注射2次。

治疗：①庆大霉素，每只每次1万～2万单位肌内注射，每天2次。②卡那霉素，每只每次1万～2万单位肌内注射，每天2次。③链霉素，每千克体重20毫克肌内注射，每天2次。

【诊疗注意事项】鼻炎型应与巴氏杆菌病及非传染性鼻炎鉴别，支气管肺炎型应与巴氏杆菌病、绿脓杆菌病及葡萄球菌病鉴别。治疗本病停药后易复发，内脏脓疱的病例治疗效果不明显，应及时淘汰。

六、肺炎克雷伯氏菌病

肺炎克雷伯氏菌病是由肺炎克雷伯氏菌引起家兔的一种散发性传染病。青年、成年兔以肺炎及其他器官化脓性病灶为特征，幼兔以腹泻为特征。

【病原】肺炎克雷伯氏菌，为革兰氏阴性、短粗、卵圆形杆菌。

【典型症状与病变】青年、成年患兔病程长，无特殊临诊症状，一般表现为精神沉郁，食欲逐渐减少和渐进性消瘦，被毛粗乱，行动迟钝，呼吸急促，打喷嚏，流鼻液（图6-1）。剖检可见患兔肺部和其他器官、皮下、肌肉有脓肿，脓液黏稠呈灰白色或白色，有的病兔肺实变（图6-2、图6-3）。幼兔剧烈腹泻，迅速衰弱，终至死亡。幼兔肠道黏膜瘀血，肠腔内有多量黏稠物和少量气体（图6-4）。怀孕母兔发生流产。

图6-1　病兔一般症状

精神沉郁，消瘦，呼吸急促。（任克良）

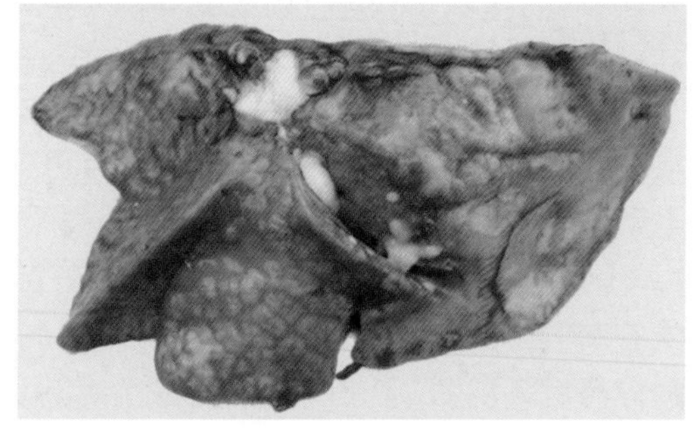

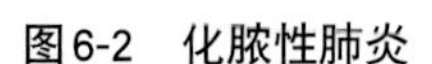

图6-2　化脓性肺炎

肺切面多处见白色脓汁流出。（任克良）

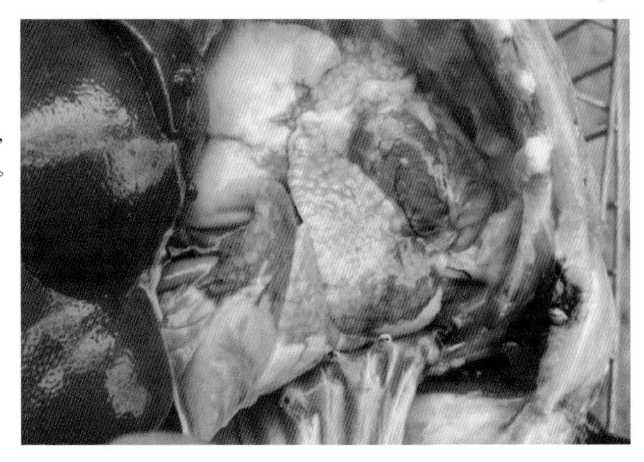

图6-3 肺实变

肺病变部颜色变深，实变，表面凹凸不平。(任克良)

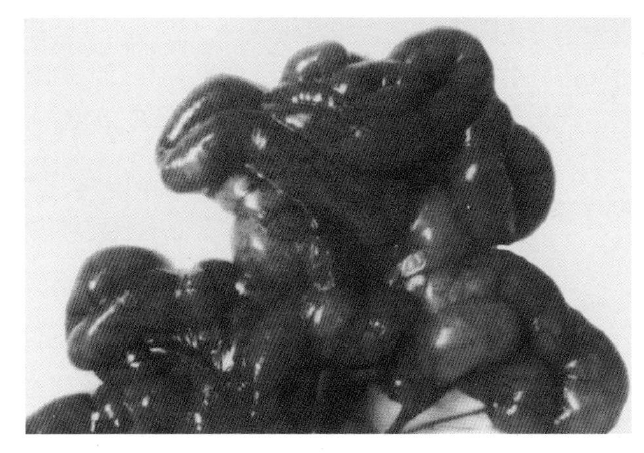

图6-4 肠壁瘀血

肠壁瘀血，暗红色，肠腔内积有大量液体。(王云峰等)

【诊断要点】根据症状、病理变化可做出初步诊断，确诊需要做病原鉴定。

【防治措施】本病目前无特异性预防方法。平时加强清洁卫生和防鼠、灭鼠工作。一旦发现病兔，及时隔离治疗，对其所用兔笼、用具进行消毒。

治疗首选药物为链霉素，每千克体重肌内注射2万单位，每天2次，连续3天。也可用诺氟沙星、环丙沙星、庆大霉素注射液等。

【诊疗注意事项】兔群一旦感染，很难根除。本病需与肺炎球菌病、溶血性链球菌病、支气管败血波氏杆菌病、绿脓杆菌病及仔兔大肠杆菌病作鉴别。本病属人兽共患病，注意个人卫生防护。

七、沙门氏菌病

沙门氏菌病又称副伤寒，是由沙门氏菌属细菌引起的一种传染病，幼兔多表现为腹泻和败血症，怀孕母兔主要表现为流产。

【病原】主要为鼠伤寒沙门氏菌和肠炎沙门氏菌，为革兰氏阴性卵圆形小杆菌。

【典型症状与病变】个别兔不显症状突然死亡。幼兔多表现急性腹泻，粪便带有黏液，体温升高至41℃，不食，渴欲增强，很快死亡。剖检见内脏充血、出血，淋巴结肿大，肠壁可见灰白色结节或坏死灶，肝有小坏死灶，脾肿大（图7-1至图7-4）。母兔表现化脓性子宫内膜炎和流产，流产多发生于母兔怀孕25天后至将近临产。故胎儿多发育完全。孕兔发病率可高达57%，流产率达70%，致死率为44%。如未死而康复者不易受孕。未流产的胎儿常发育不全、木乃伊化或液化。

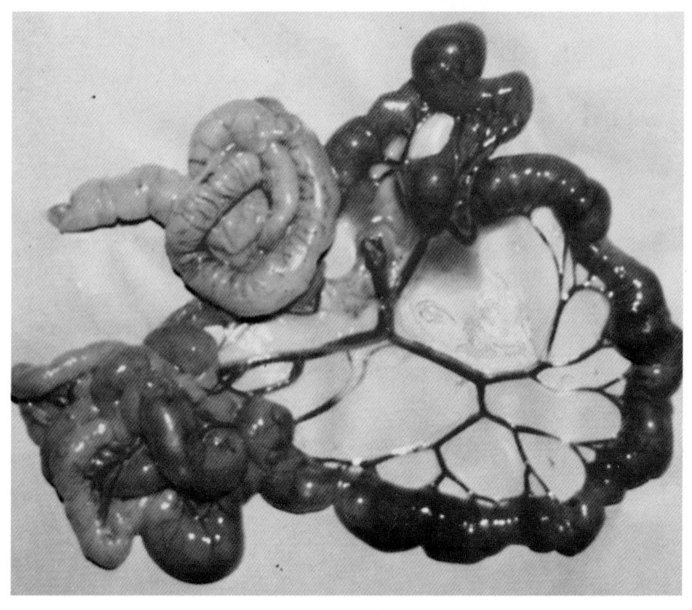

图7-1 肠瘀血

肠壁瘀血，暗红色，肠系膜血管充血、怒张，肠腔内充满含气泡的稀糊状内容物。(王永坤)

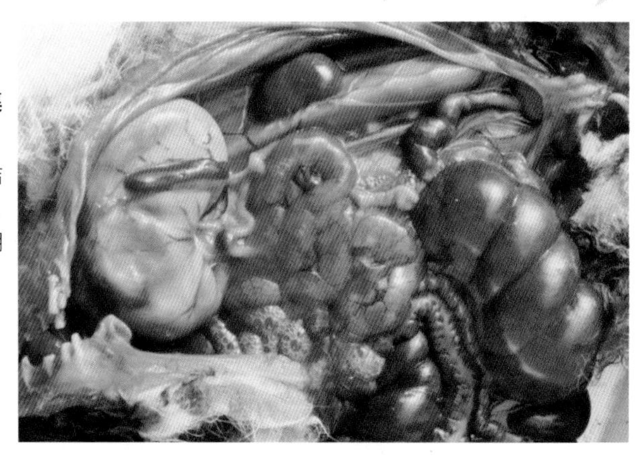

图7-2　小肠壁淋巴集结增生肿大

肠壁瘀血，淋巴集结增生、呈灰白色颗粒状，肠腔内充满含气泡的稀糊状内容物。(陈怀涛)

图7-3　盲肠蚓突淋巴小结增生坏死

盲肠蚓突（图中部）淋巴组织增生，呈粟粒大、灰黄色结节或坏死灶。(陈怀涛)

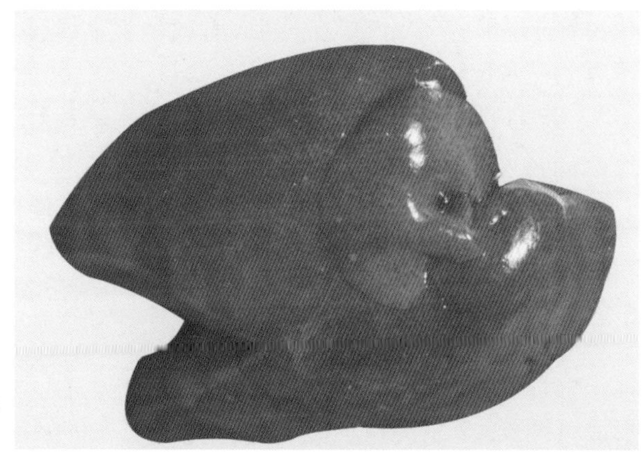

图7-4　肝坏死灶

肝表面散在灰黄色小结节或坏死灶。(陈怀涛)

【诊断要点】根据幼兔腹泻、内脏病变和怀孕母兔化脓性子宫内膜炎、流产可做初步诊断，确诊应根据细菌学和血清学检查结果。

【防治措施】加强饲养管理，增强兔体抗病力。定期对兔舍、用具进行消毒。彻底消灭鼠和苍蝇。怀孕前后母兔注射鼠伤寒沙门氏菌灭活菌苗，每兔皮下注射1毫升。疫区兔群每年定期注射2次。定期用鼠伤寒沙门氏菌诊断抗原普查带菌兔，对阳性者要隔离治疗，无治疗效果者严格淘汰。

治疗可用庆大霉素，每千克体重10毫克，每天2次，连用5天。也可服用土霉素，每千克体重20～50毫克，每天2次，连用3～5天。还可内服大蒜汁1汤勺，每天3次，连用7天。

【诊疗注意事项】本病的诊断主要依靠腹泻和流产症状，但这些症状见于多种疾病，如腹泻见于魏氏梭菌病、大肠杆菌病、泰泽氏菌病、葡萄球菌病、球虫病等，应注意鉴别。用土霉素治疗时应注意休药期。

八、李氏杆菌病

李氏杆菌病为人、畜共患的一种散发性传染病，是由产单核细胞李氏杆菌引起的。其特征为败血症、脑膜脑炎和流产，幼兔和孕兔多受害，死亡率高。

【病原】产单核细胞李氏杆菌，为革兰氏染色阳性，呈棒状或球杆状，在抹片中单个分散、并列成对或呈V字形排列。鼠类是本菌在自然界的贮藏库。

【典型症状与病变】潜伏期一般为2～8天。急性病例多见于幼兔，症状仅见精神萎靡，不吃，体温升高达40℃以上，也见鼻炎（图8-1）、结膜炎，1～2天内死亡。亚急性型与慢性时，主要表现为间歇性神经症状，如嚼肌痉挛，全身震颤，眼球凸出，头颈偏向一侧，做转圈运动等（图8-2），如侵害孕兔则于产前2～3天发病，阴道流出红色或棕褐色分泌物。血液中单核细胞增多。病理变化为鼻炎、化脓性子宫内膜炎、单核细胞性脑膜脑炎和肝、心、肾、脾等内脏坏死灶形成（图8-3至图8-5）。

图8-1　鼻　炎

鼻黏膜潮红，从鼻孔流出黏液性鼻液。（陈怀涛）

图8-2　神经症状

头偏向一侧做转圈运动。（任克良）

图8-3　心肌坏死灶

心肌中见多发性小坏死灶。（陈怀涛）

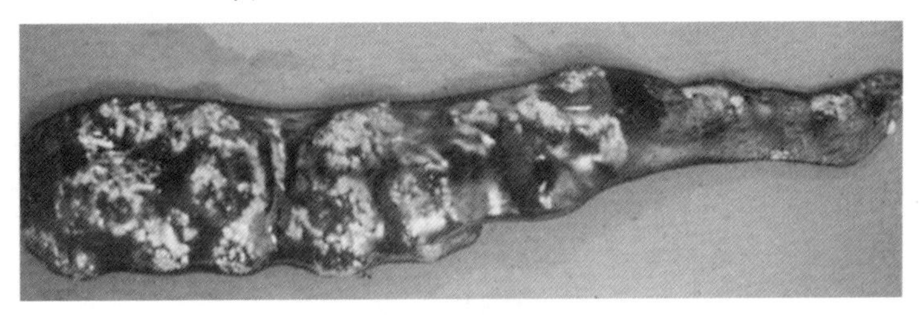

图8-4　脾坏死灶

脾脏肿大，有大量淡黄色坏死灶。(L.Gekle等)

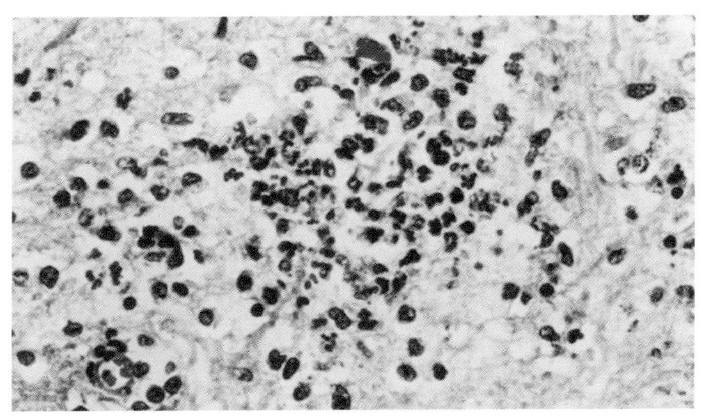

图8-5　脑炎（脑组织切片图）

在脑组织中可见由单核细胞膜和中性粒细胞组成的细胞灶（微脓肿），小血管周围也可见单核细胞浸润。(陈怀涛)

【诊断要点】①幼兔（常呈急性）与孕兔（多为亚急性与慢性）较多发；②急性病例：一般败血性变化（充血、出血，水肿，体腔积液)，鼻炎与结膜炎，肝坏死灶。亚急性与慢性有子宫、脑和内脏的特征变化；③确诊需做李氏杆菌分离鉴定与动物接种试验。

【防治措施】做好灭鼠和消灭蚊虫工作。发现病兔，立即隔离治疗或淘汰，消毒兔笼和用具。对有病史的兔场或长期不孕的兔，可采血化验单核细胞数量变化情况，检出隐性感染的家兔。

治疗：①磺胺嘧啶钠，每千克体重0.1毫克，肌内注射，首次量加倍，每天2次，连用3～5天。②增效磺胺嘧啶，每千克体重25毫克，肌内注射，每天2次。③四环素，每只200毫克口服，每天1次。④庆大霉素，每千克体重1～2毫克肌内注射，每天2次。⑤新霉素，每只2万～4万单位，混于饲料中喂给，每天3次。

【诊疗注意事项】对本病的诊断要考虑全面，不能仅看见流鼻液、神经症状或流产便诊断为本病，病兔脑的病理组织检查、血液单核细胞检查和病原菌鉴定不能忽视。注意与巴氏杆菌病、沙门氏菌病等鉴别。本病能传染给人，注意个人防护。

九、野兔热

野兔热又称土拉热或土拉杆菌病，是由土拉热弗朗西斯菌引起人兽共患的一种急性、热性、败血性传染病。本病广泛流行于啮齿动物中，其特征为体温升高，淋巴结、肝、脾等器官的坏死灶形成。

【病原】土拉热弗朗西斯菌呈多形态，在患病的动物体内为球状，在培养物中呈球状、杆状、丝状等。为革兰氏阴性菌，美蓝染色两极着色良好。

【典型症状与病变】超急性无临诊症状，因败血症迅速死亡。急性者仅于临死前表现精神萎靡，食欲不振，运动失调，2～3天内呈败血症而死亡。大多数病例为慢性，发生鼻炎，鼻腔流出黏性或脓性分泌物，体表淋巴结（如下颌淋巴结、颈浅淋巴结、髂下淋巴结）肿大，体温升高1～1.5℃，极度消瘦，最后多衰竭而死。剖检可见淋巴结、肝、脾、肾肿大和大小不等的坏死灶形成（图9-1至图9-2）。

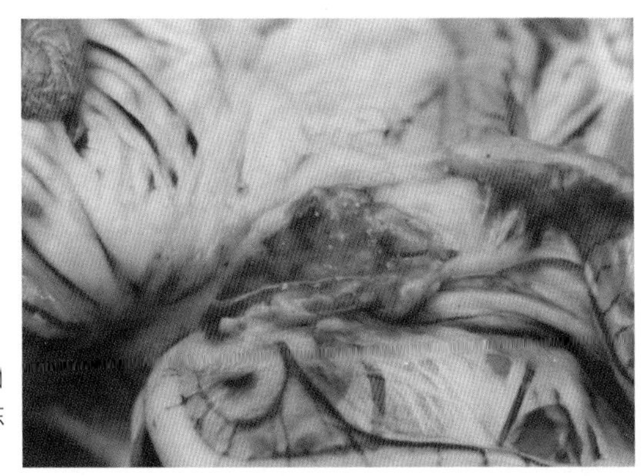

图9-1　淋巴结坏死灶

淋巴结充血、出血、肿大，切面见大小不等的灰黄色坏死灶。（陈怀涛）

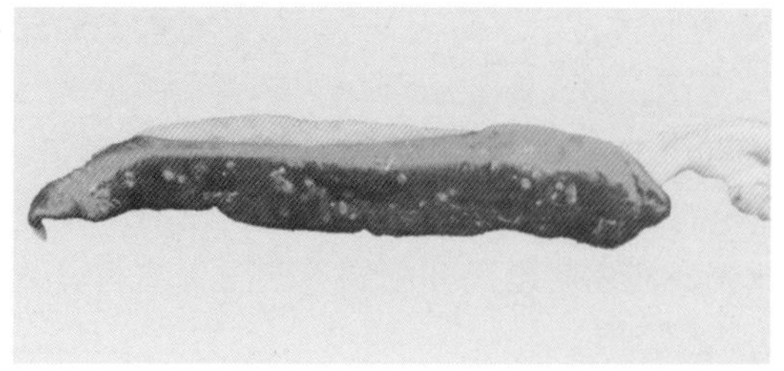

图 9-2　脾坏死灶

脾切面见大小不等的颗粒状灰黄色坏死灶。(陈怀涛)

图 9-3　肝坏死灶

肝表面散在针尖至粟粒大的坏死灶。(陈怀涛)

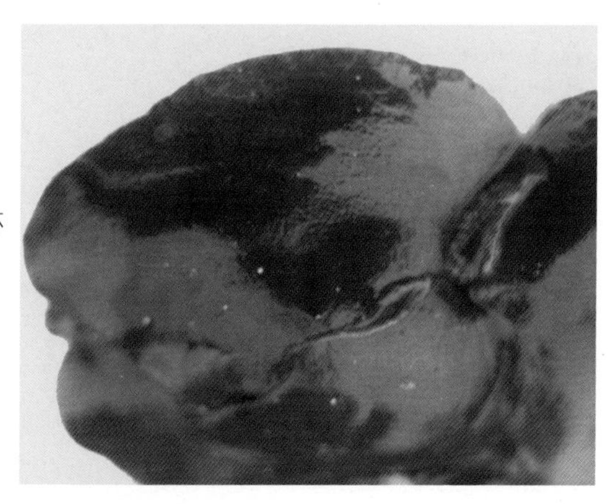

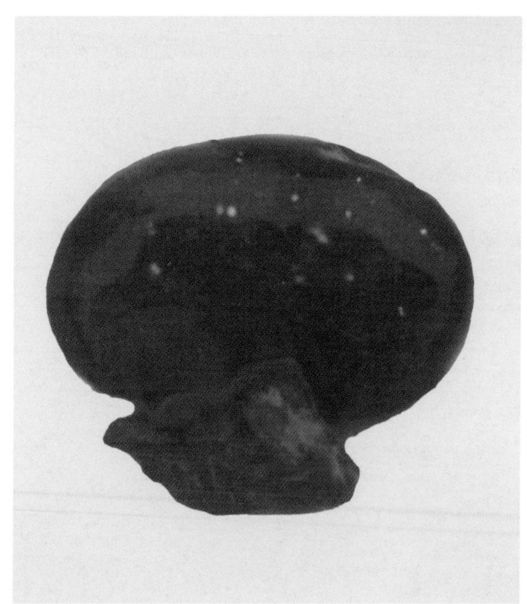

图 9-4　肾坏死灶

肾表面见数个粟粒大的灰黄色坏死灶。(陈怀涛)

【诊断要点】①多发于春末夏初，啮齿动物与吸血昆虫活动季节；②有鼻炎、体温升高、消瘦、衰竭与血液白细胞增多等临诊症状；③有特征病理变化；④病原菌检查等。

【防治措施】兔场要注意灭鼠杀虫，驱除兔体外寄生虫，经常对笼舍及用具进行消毒，严禁野兔进入饲养场。引进种兔要隔离观察，确认无病后方可入群。发现病兔要及时治疗，无治疗价值的要扑杀处理。疫区可试用弱毒菌苗预防接种。

病初可用以下药物治疗：①链霉素，每千克体重20毫克肌内注射，每天2次，连用4天。②金霉素，每千克体重20毫克，用5%葡萄糖液溶解后静脉注射，每天2次，连用3天。也可用土霉素等抗生素治疗。

【诊疗注意事项】此病的症状无特异性，只能作诊断参考。病理变化有较大诊断价值，但要与伪结核病、李氏杆菌病等作鉴别。本病属人兽共患病，剖检时要注意防护，以免受感染。治疗应尽早进行，病至后期疗效不佳。

十、结核病

结核病由分支杆菌属的细菌引起的一种慢性传染病，其特征为肺脏、淋巴结等器官形成结核结节，临诊出现渐进性消瘦。

【病原】分支杆菌属的细菌（牛分支杆菌、禽分支杆菌、结核分支杆菌）（图10-1），为革兰氏染色阳性，一般染色方法较难着色，常用方法为齐-尼氏（Ziehl-Neelsen）抗酸染色法，菌体可染成红色。

【典型症状与病变】病初常无明显症状，随疾病发展，出现咳嗽、喘气、呼吸困难、消瘦等症状。患肠结核的病兔，常表现拉稀，有的病例四肢关节肿大或骨骼变形，甚至发生脊椎炎和后躯麻痹。剖检见淋巴结、肺等脏器有结核结节形成，结节常发生干酪样坏死（图10-2），组织上可见特异的多核巨细胞和上皮样细胞（图10-3）。

【诊断要点】①主要发生于成年兔，表现慢性消瘦和程度不等的呼吸障碍；②淋巴结、肺等脏器有结核结节病变，组织学检查可见到上皮样细胞和巨细胞；③细菌学检查；④生前可试用结核菌素皮内变态反应试验。

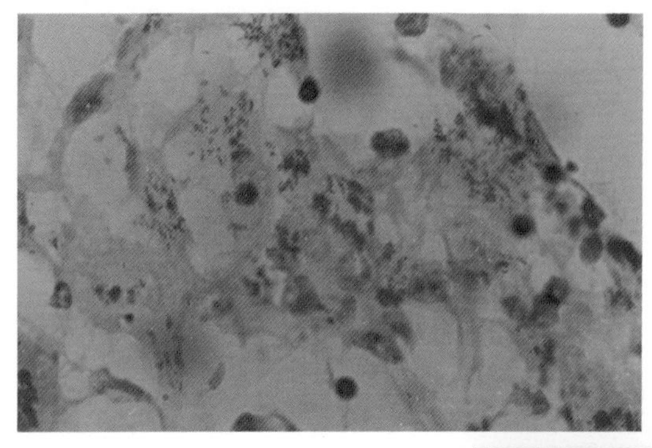

图10-1　结核菌形态

组织中的结核分支杆菌：抗酸染色时结核分支杆菌呈红色。×400（陈怀涛）

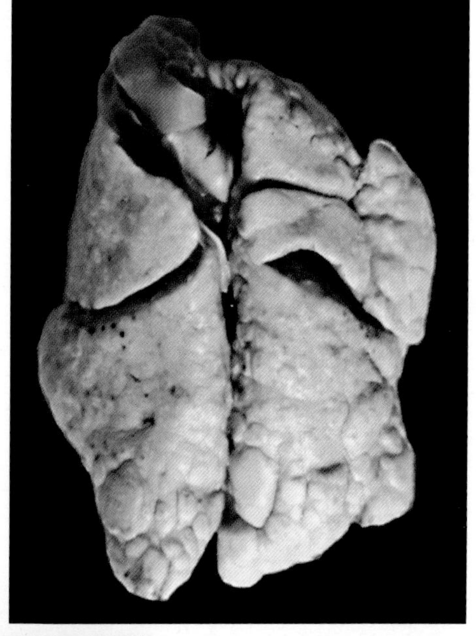

图10-2　肺结核结节

肺表面散在大量大小不等的结核结节，大结节中心部发生干酪样坏死。（陈怀涛）

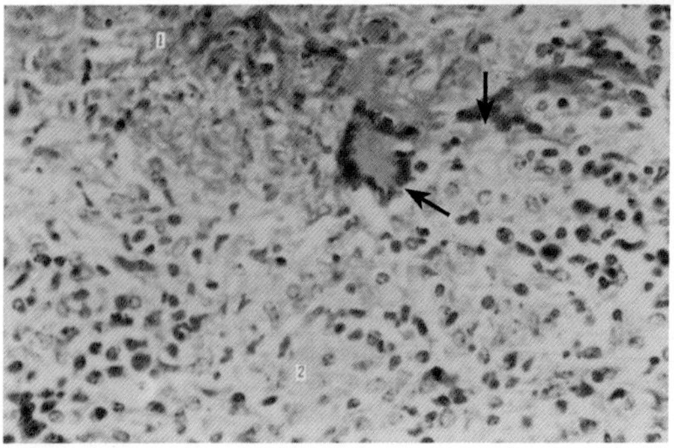

图10-3　结核结节的组织结构（陈怀涛）

1.结节中心为干酪样坏死区，染色较红　2.结节外周围为大量上皮细胞，染色较浅，其中夹杂少量多核巨细胞（↑）

【防治措施】兔场、兔舍要远离牛舍、鸡舍和猪圈，减少病原传播的机会。定期检疫，及时淘汰病兔。禁用患结核病病牛、病羊的乳汁喂兔。患结核病的人不能当饲养员。

治疗：对种用价值高的病兔用异烟肼和链霉素联合治疗。每只兔每天口服异烟肼1～2克，肌内注射对氨基水杨酸4～6克，间隔1～2天用药1次，链霉素每天每千克体重30毫克。

【诊疗注意事项】病兔生前症状不特异，故常被忽视。对死亡兔虽见特征病变，但对结核结节的判定需有经验，通常以病理组织学诊断较准确。有干酪样坏死的病变时可进行病原菌检查。本病以预防为主，一般可不进行治疗。注意与内脏有结节病变的疾病（如伪结核病、李氏杆菌病、野兔热等）鉴别。

十一、伪结核病

伪结核病是由伪结核耶尔森氏菌引起的一种慢性消耗性疾病。兔以及多种哺乳动物、禽类和人，尤其是啮齿动物鼠类都能感染发病。本病的特征病变是内脏淋巴结形成坏死结节，这种病变和结核病的结节相似，故称为伪结核病。

【病原】病原体是伪结核耶尔森氏菌，为革兰氏阴性菌，属多形态的球状短杆菌（图11-1）。脏器触片美蓝染色，呈两极着色。鼠类是本病菌的自然贮存宿主。

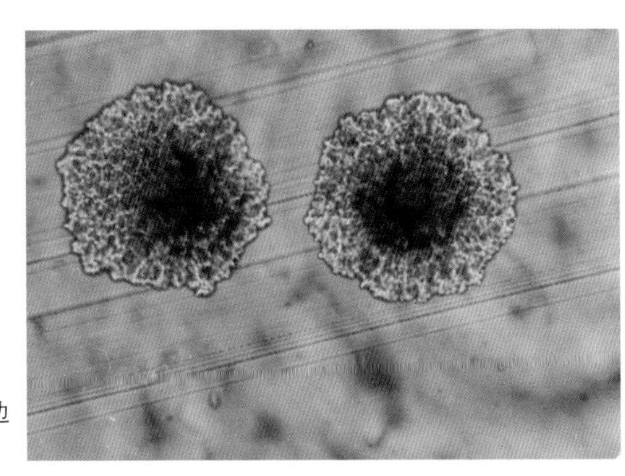

图11-1　伪结核病菌落形态

菌落半透明、光滑、圆形，边缘不规则。（王永坤）

【典型症状与病变】病兔主要表现为腹泻、消瘦，经3～4周死亡。剖检见盲肠蚓突、圆小囊、肠系膜淋巴结与脾等内脏器官有栗粒状灰白色坏死结节形成（图11-2至图11-4）。偶有败血症而死亡的病例。

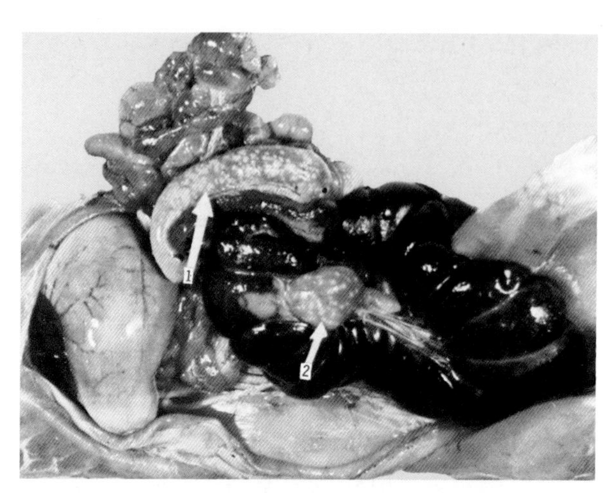

图11-2　盲肠蚓突和圆小囊的栗粒状坏死结节

盲肠蚓突和圆小囊壁的栗粒状坏死结节。（王永坤）

1. 盲肠蚓突　2. 圆小囊

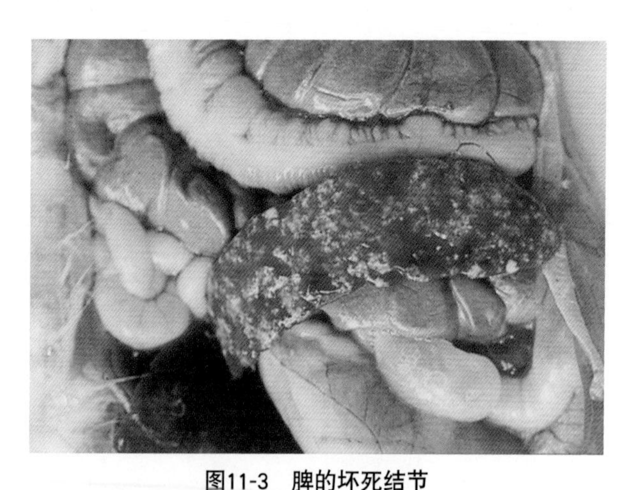

图11-3　脾的坏死结节

脾高度增大，有密集的针头大至粟粒大的坏死结节。（董亚芳、王启明）

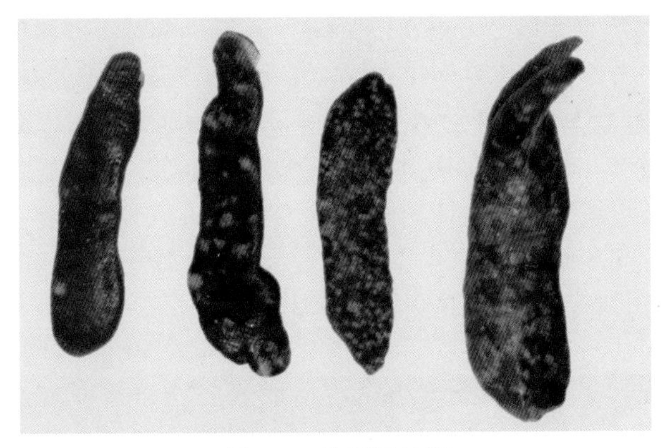

图11-4 脾坏死结节

4个脾脏中均有大小不等、多少不一的坏死结节。(王永坤)

【诊断要点】①慢性腹泻与消瘦；②内脏典型的坏死性结节病变；③取材检查病原菌可确诊。

【防治措施】本病以预防为主，发现可疑病兔后立即淘汰，消毒兔舍和用具，加强卫生和灭鼠工作。同时注意人身保护。注射伪结核耶尔森氏菌多价灭活苗，每兔皮下注射1毫升，每年注射2次，可控制本病的发生。

治疗：无可靠有效方法，可试用下列药物治疗。①链霉素，肌内注射，每千克体重20毫克，每天2次，连用3～5天。②四环素片，内服，每次1片（0.25克），每天2次。

【诊疗注意事项】根据典型病变结合症状，一般可做初步诊断，但确诊应做病原菌检查。由于病变为坏死性结节，所以要注意与结核病、球虫病、沙门氏菌病、李氏杆菌病及野兔热做鉴别。结节病变的部位和组织变化在鉴别诊断上有重要意义。

十二、坏死杆菌病

坏死杆菌病是由坏死杆菌引起的以皮肤和口腔黏膜坏死为特征的散发性慢性传染病。

【病原】坏死杆菌，为多形态的革兰氏阴性细菌，严格厌氧。本菌广泛存在于自然界，也是健康动物扁桃体和消化道黏膜的常在菌。

【典型症状与病变】患兔不食，流涎，体重减轻，体温升高。唇部、口腔黏膜、齿龈、脚底部、四肢关节及颈部、头面部以至胸前等处的皮肤及组织均可发生坏死性炎症（图12-1），形成脓肿、溃疡。病灶破溃后，病变组织散发出恶臭气味。最后衰竭死亡。剖检除见上述病变外，有时在内脏也可见到转移性坏死灶。

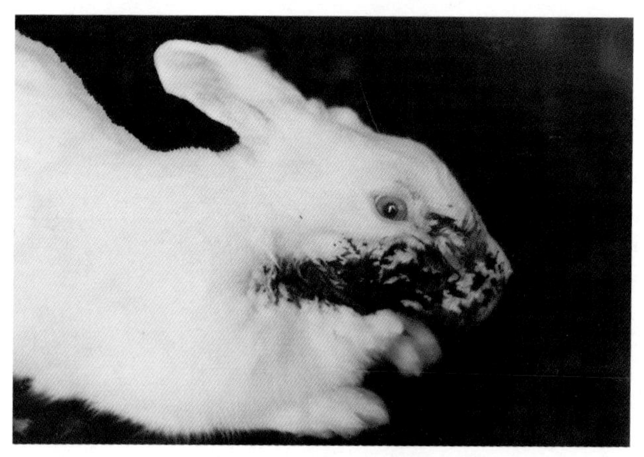

图12-1 头颈皮肤坏死

口周围、下颌与颈部皮肤坏死，呈污黑色。（陈怀涛）

【诊断要点】根据患病部位、组织坏死的特殊臭味可做出初步诊断。确诊应依据坏死杆菌的特征进行鉴定。

【防治措施】清除饲草、笼内的锐利物，以防损伤兔体皮肤和黏膜。对已经破损的皮肤、黏膜要及时用3%双氧水或1%高锰酸钾溶液洗涤，但不可涂结晶紫和龙胆紫。

局部治疗：清除掉坏死组织，口腔先用0.1%高锰酸钾溶液冲洗，然后涂擦碘甘油，每天2 ～ 3次。其他部位可用3%双氧水或5%来苏儿冲洗，然后涂擦5%鱼石脂酒精或鱼石脂软膏。患部出现溃疡时，清理创面后涂擦土霉素或青霉素软膏。

全身治疗：可用磺胺二甲嘧啶，每千克体重0.15 ～ 0.2克肌内注射，每天2次，连用3天。或青霉素每千克体重2万～4万单位，肌内注射。

【诊疗注意事项】本病较易诊断，治疗应采取局部与全身同时治疗，效果较好。注意与绿脓杆菌病、葡萄球菌病和传染性水疱口炎鉴别。

十三、绿脓杆菌病

绿脓杆菌病又称绿脓假单胞菌病，是由绿脓杆菌引起人和动物共患的一种散发性传染病。患兔主要表现败血症，皮下与内脏脓肿及出血性肠炎。

【病原】绿脓杆菌为中等大小的革兰氏阴性菌，本菌广泛分布于自然界和体内，病料中呈单个、成对或成短链，人工培养基中则是长短不一的长丝状。本菌对一般消毒药敏感，对磺胺药、青霉素等不敏感。

【典型症状与病变】患兔精神沉郁，食欲减退或废绝，呼吸困难，体温升高，下痢，拉出褐色稀便，一般在出现下痢24小时左右死亡。慢性病例有腹泻表现，有的出现皮肤脓肿，脓液呈黄绿色或灰褐色黏液状，有特殊气味（图13-1）。偶可见到化脓性中耳炎病变。

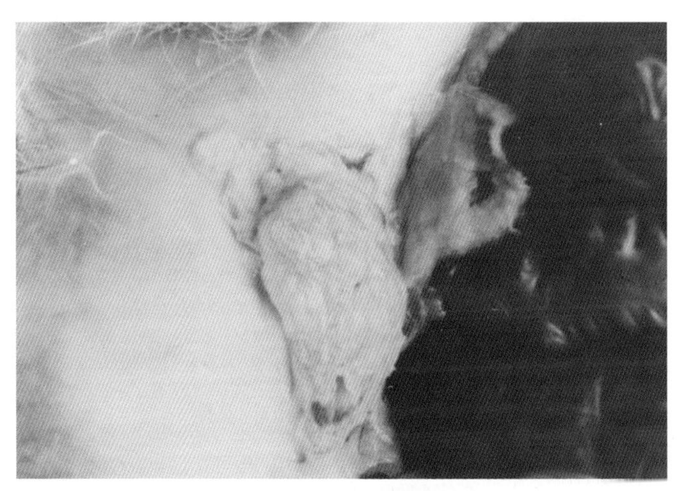

图13-1　皮下脓肿

脓肿界限清楚，有包囊，脓液呈黄绿色。（陈怀涛）

【诊断要点】①急性为败血症，无特异症状和病变；慢性主要见皮下、内脏等部的脓肿或化脓性炎症以及腹泻和出血性肠炎（图13-2、图13-3）。②确诊应做病原菌检查和动物接种试验。

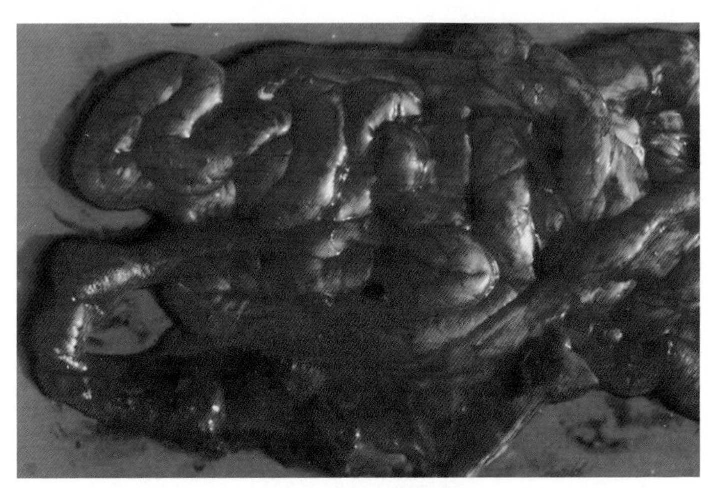

图13-2　出血性肠炎

肠黏膜充血、出血，肠腔中有大量血样内容物。（陈怀涛）

图13-3　肠腔内充满血样液体

（任克良）

【防治措施】加强日常饮水和饲料卫生，防止水源和饲料被污染。做好兔场防鼠灭鼠工作。有病史的兔群可用绿脓杆菌苗进行预防注射，每只1毫升，皮下注射，每年注射2次。

治疗：①多黏菌素，每千克体重1万单位，每天2次，肌内注射，连用3 ～ 5天。②新霉素，每千克体重2万～ 3万单位，每天2次，连用3 ～ 5天。

【诊疗注意事项】注意与魏氏梭菌病、葡萄球菌病、泰泽氏病鉴别。由于绿脓杆菌易产生抗药性，药物治疗时，应先作药敏试验，选择高敏药物进行治疗。

十四、泰泽氏病

泰泽氏病是由毛样芽孢杆菌引起的急性传染病。其特征是严重腹泻、脱水和迅速死亡。

【病原】毛样芽孢杆菌（图14-1），为严格的细胞内寄生菌，形态细长，革兰氏染色阴性，能形成芽孢，PAS（过碘酸锡夫氏）染色与姬姆萨染色着色良好。

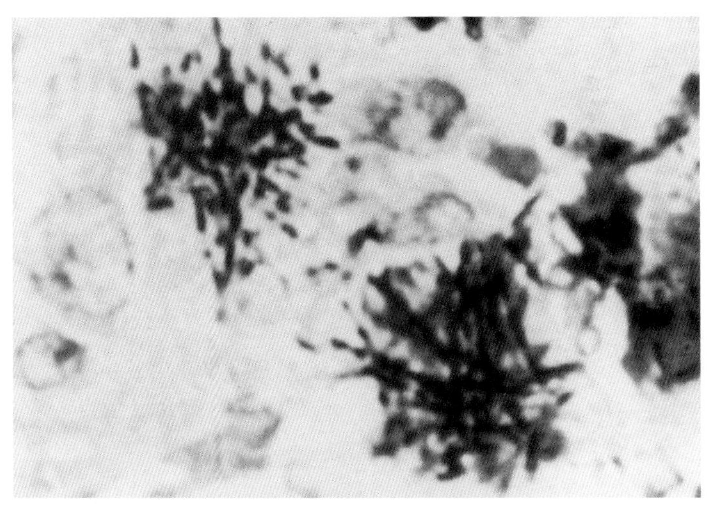

图14-1 毛样芽孢杆菌的形态

菌体细长，积聚成丛。（日・武藤）

【典型症状与病变】发病急，以严重的水样腹泻和后肢沾有粪便为特征（图14-2）。患兔精神沉郁，食欲废绝，迅速全身脱水而消瘦，于1～2天内死亡。少数耐过者，长期食欲不振，生长停滞。剖检见坏死性盲肠结肠炎，回肠后段与盲肠前段浆膜明显出血（图14-3、图14-4）、肝坏死灶形成（图14-5）及坏死性心肌炎（图14-6）。

图14-2　腹　泻

后肢被毛沾污大量稀粪。（陈怀涛）

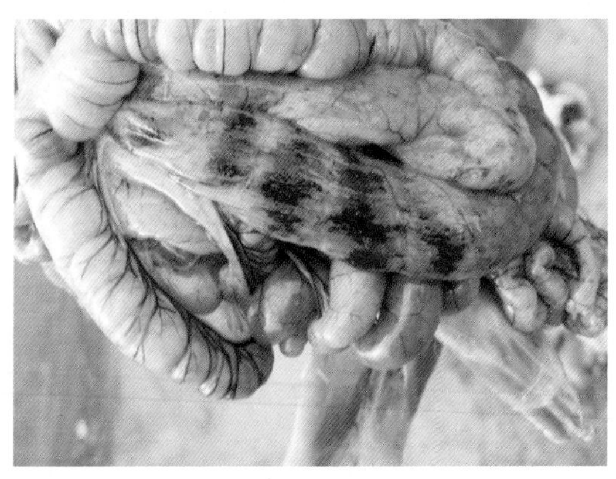

图14-3　盲肠浆膜出血

盲肠浆膜大片出血。（任克良）

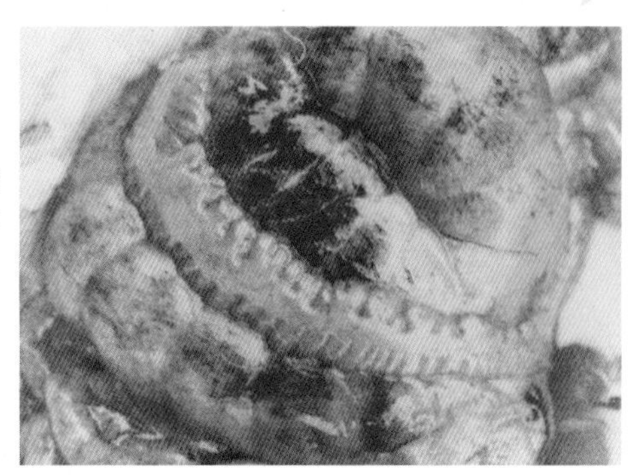

图14-4　结肠浆膜出血

结肠浆膜出血，呈喷洒状，并见纤维素附着，肠壁水肿，肠腔内充满褐色水样粪便。(范国雄)

图14-5　肝坏死灶

肝表面和实质均见许多斑点状灰黄色坏死灶。(范国雄)

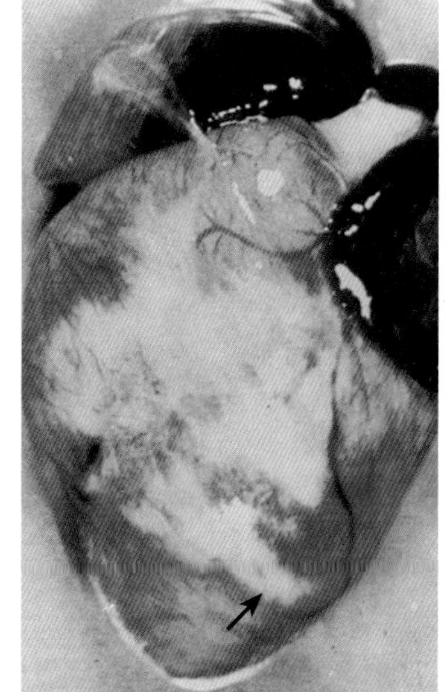

图14-6　心肌坏死

心肌的大片灰白色坏死区，其界限较明显（↑）。(日 · 武藤)

【诊断要点】①6～12周龄幼兔较易感染发病，严重水样腹泻，12～48小时死亡。②盲肠、结肠、肝与心脏的特征性病变；③肝、肠病部组织涂片，姬姆萨或PAS染色，在细胞质中可发现病原菌。

【防治措施】加强饲养管理，注意清洁卫生，兔的排泄物要做发酵处理。消除各种应激因素，如过热、拥挤等。目前尚无疫苗预防。

治疗：患病早期用0.006%～0.01%土霉素供患兔饮用。也可用青霉素、链霉素联合肌内注射。治疗无效时，应及时淘汰。

【诊疗注意事项】本病的诊断要依据腹泻、肠炎、肝与心脏坏死灶等特征，病原菌检查可以确诊。由于本病有腹泻症状，故注意与沙门氏菌病、大肠杆菌病及魏氏梭菌病鉴别。注意土霉素的休药期。

十五、链球菌病

链球菌病是由溶血性链球菌引起的一种急性败血性传染病，主要危害幼兔，春秋季多发。

【病原】为C群β型溶血性链球菌，革兰氏染色阳性，呈圆形或卵圆形，在病料中成对或组成长短不等的链状（图15-1）。

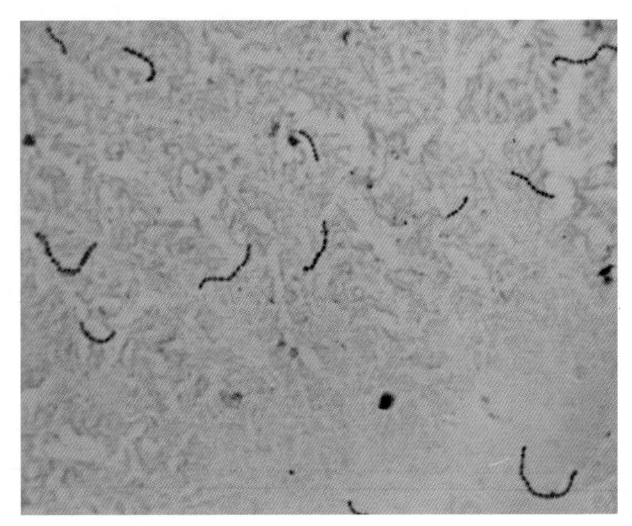

图15-1　链球菌的形态　（Gram×1 000）
（陈怀涛）

【典型症状与病变】体温升高，食欲废绝，精神沉郁，呼吸困难，间歇性下痢（图15-2），常死于脓毒败血症。剖检见皮下组织浆液出血性炎症、卡他出血性肠炎、脾肿大等败血性病变（图15-3、图15-4），有的病例也可发生局部脓肿。

图15-2　下　痢

病兔精神沉郁，下痢。（陈怀涛）

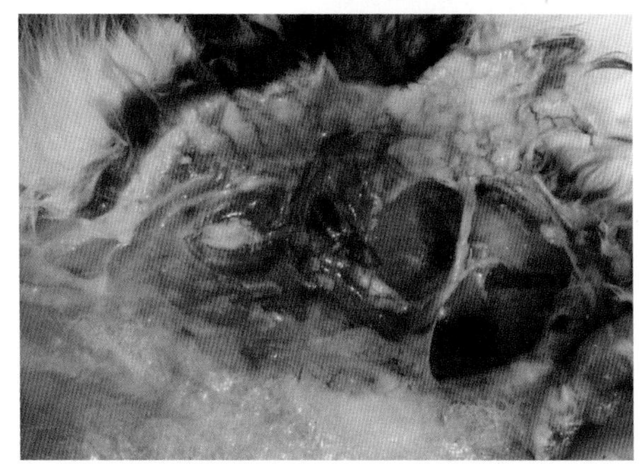

图15-3　皮下组织浆液出血性炎症

皮下组织充血、出血与水肿。（陈怀涛）

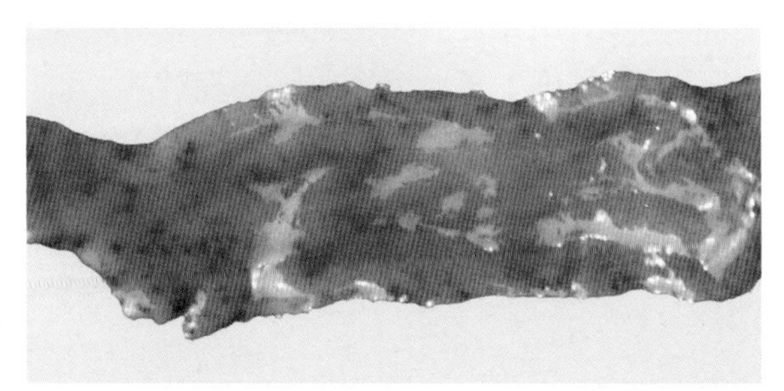

图15-4　出血性肠炎

肠黏膜充血、出血、水肿。（陈怀涛）

【诊断要点】根据症状、流行特点和病变可怀疑本病，确诊需进行病原菌分离鉴定。

【防治措施】防止兔感冒，减少诱病因素。发现病兔立即隔离，并进行药物治疗。

治疗：①青霉素，每千克体重2万～4万单位肌内注射，每天2次，连续3天。②红霉素，每只50～100毫克肌内注射，每天2～3次，连用3天。③磺胺嘧啶钠，每千克体重0.2～0.3克内服或肌内注射，每天2次，连用4天。

【诊疗注意事项】本病表现一般症状和病变，诊断时要综合考虑。由于有下痢和肠炎变化，故应注意与沙门氏菌病、泰泽氏病等作鉴别。

十六、嗜水气单胞菌病

嗜水气单胞菌病主要是水生动物的一种传染病，人、兔等动物感染嗜水气单胞菌后也可感染发病。患病的特征为出血性盲肠炎和腹泻，粪便呈乳白色。

【病原】嗜水气单胞菌属于弧菌科、气单胞菌属，为革兰氏阴性短杆菌，单个或成双排列，无荚膜，有运动力，兼性厌氧。

【典型症状与病变】发病初期精神沉郁，食欲下降，随后出现腹泻，粪便呈乳白色，病兔很快死亡。剖检可见肠道严重出血，特别是盲肠的浆膜和黏膜呈弥漫性出血（图16-1）。肝瘀血（图16-2），心包有积液，心肌出血，肺瘀血。腹膜炎，腹水增多，腹腔内脏器官表面附有灰白色纤维素假膜。肾瘀血、贫血、肿大、松软。

【诊断要点】根据排出乳白色粪便、典型病理变化和细菌学检查结果可做出诊断。

【防治措施】嗜水气单胞菌在自然界，尤其是在水中广泛存在，所以在饮水时应特别注意，尤其是利用养鱼的池塘水时更要小心，因为鱼类等变温动物对本菌十分敏感，鱼类在水中往往是本菌的带菌者而污染水源，兔饮了被污染的水可被感染。因此，应注意水质的检查和消毒。被病兔及病死兔污染的场所、用具等应进行彻底消毒。

治疗：可选用庆大霉素、环丙沙星、增效磺胺等药物。

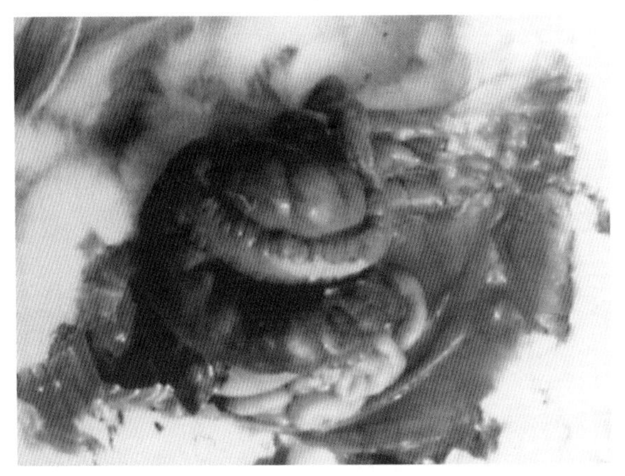

图16-1 结肠弥漫性出血
（鲍国连）

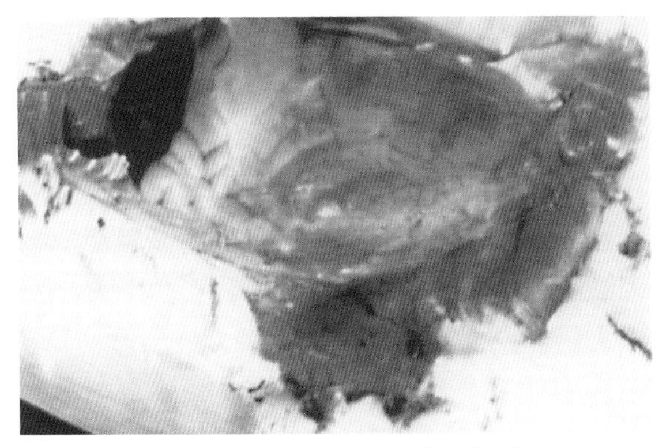

图16-2 皮下出血，肝瘀血肿大
（鲍国连）

【诊疗注意事项】1～2月龄的幼兔最易感染。注意与大肠杆菌病等疾病鉴别诊断。

十七、破伤风

破伤风又称强直症，是由破伤风梭菌经创伤感染所引起的一种人兽共患传染病。病兔的特征是骨骼肌痉挛和肢体僵直。

【病原】破伤风梭菌为一种大型、革兰氏阳性、能形成芽孢的厌氧性细菌。芽孢在菌体的一端，似鼓槌状或球拍状。本菌可产生多种毒素，其中痉挛毒素是引起强直症状的决定性因素。

【典型症状与病变】本病潜伏期为4 ～ 20天。病初，病兔食欲减退，继而废绝，牙关紧闭，流涎，眼肌痉挛，眼球突出，四肢强硬，呈“木马状”（图17-1至图17-3），以死亡告终。剖检无特异病变，仅见因窒息缺氧所致的病变，如血液凝固不良，呈黑紫色，肺瘀血、水肿，黏膜和浆膜散布数量不等的小出血点。

图17-1　破伤风

病兔两耳直立，肌肉僵硬，四肢强直，呈“木马状”，站立不稳。（董仲生）

图17-2　破伤风

病兔流涎，牙关紧闭。（任克良）

图17-3 破伤风

眼肌痉挛，眼球突出，瞬膜外露，两耳竖立，肢体僵硬，似“木马状”。（任克良）

【诊断要点】根据特征症状和外伤病史，一般可做出初步诊断。当症状不明显时，可在创伤深部采取病料，涂片染色，检查破伤风梭菌。

【防治措施】兔舍、兔笼及用具要保持清洁卫生，严防尖锐物刺伤兔体。剪毛时避免损伤皮肤。一旦发生外伤，要及时处理，防止感染。手术、刺号（装耳标）及注射时要严格消毒。对较大、较深的创伤，除做开放扩创处理外，还应肌内注射破伤风抗毒素1万～3万单位。

治疗：①静脉注射破伤风抗毒素，每天1万～2万单位，连用2～3天。②肌内注射青霉素，每天20万单位，分2次注射，连用2～3天。③静脉注射葡萄糖、氯化钠50毫升，每天2次。

【诊疗注意事项】正确扩创处理，严防创伤内厌氧环境的形成，是防止本病发生的重要措施之一。本病为人兽共患传染病，要注意个人卫生防护。

十八、附红细胞体病

附红细胞体病简称附红体病，是由附红细胞体所引起的一种急性、致死性人兽共患传染病。家兔也可感染发病，其特征是发热、贫血、出血、水肿与脾肿大等。

【病原】附红细胞体是一种多形态微生物，多为环形、球形和卵圆形，少数为顿号形和杆状。

【典型症状与病变】本病以1 ～ 2月龄幼兔受害最严重，成年兔症状不明显，常呈带菌状态。病兔四肢无力，精神沉郁，运动失调（图18-1）。最后由于贫血、消瘦、衰竭而死亡。剖检可见腹肌出血（图18-2），腹腔积液，脾脏肿大（图18-3），膀胱充满黄色尿液，有的病例可见黄疸、肝脂肪变性，胆囊胀满（图18-4），肠系膜淋巴结肿大（图18-5）等。

图18-1 附红细胞体病

精神沉郁，四肢无力，头着地。（任克良）

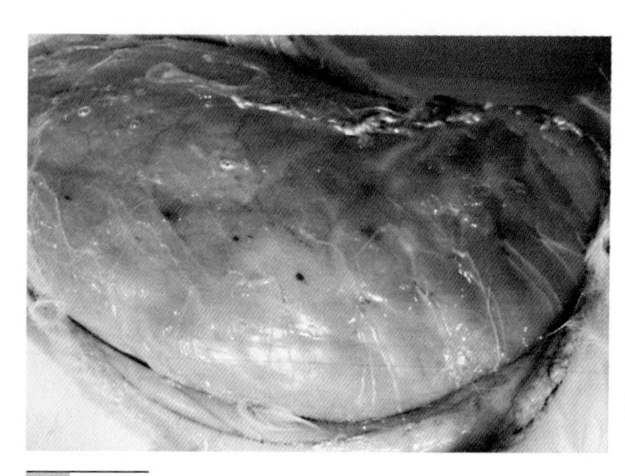

图18-2 腹肌出血

（谷子林）

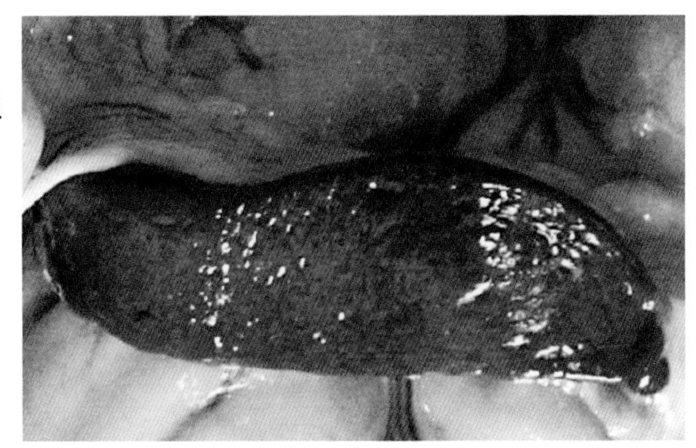

图18-3 脾脏肿大，呈暗红色
（谷子林）

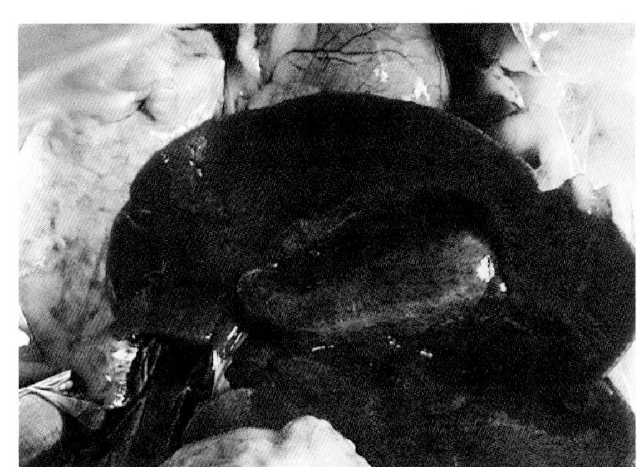

图18-4 胆囊胀大，充满胆汁
（谷子林）

图18 5 肠系膜淋巴结肿大
（谷子林）

【诊断要点】①本病多见于吸血昆虫大量繁殖的夏、秋季节。②有发热、贫血、消瘦等症状和病理变化。③取血涂片、染色，镜检附红细胞体及被感染的红细胞形态（图18-6）。

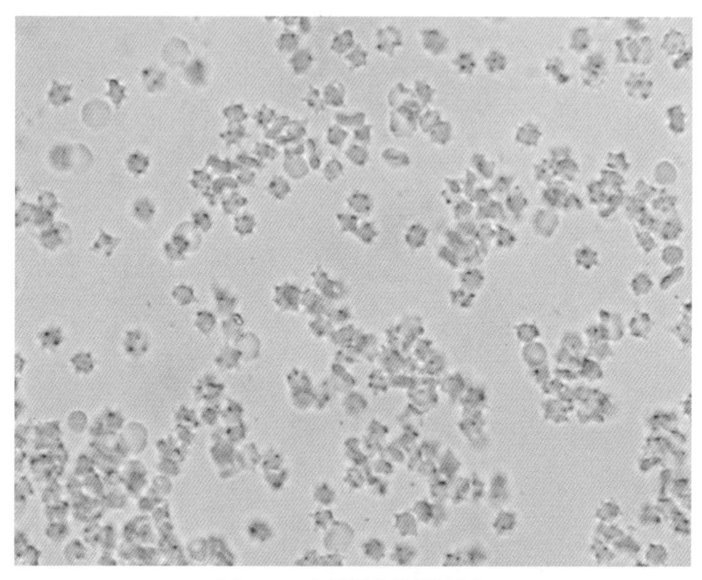

图18-6　变形的红细胞形态

红细胞表面附有附红细胞体，故红细胞变形，红细胞不整，边缘呈锯齿状。×400（谷子林）

【防治措施】成年兔是带菌者，所以购入种兔时要严格进行检查。消除各种应激因素对兔体的影响，夏、秋季节防止昆虫叮咬。

治疗：①新胂凡纳明，每千克体重40～60毫克，以5%葡萄糖溶液溶解成10%注射液，静脉缓慢注射，每天1次，隔3～6天重复用药1次。②四环素，每千克体重40毫克，肌内注射，每天2次，连用7天。③土霉素，每千克体重40毫克，肌内注射，每天2次，连用7天。④血虫净（贝尼尔）、氯苯胍等也可用于本病的治疗。贝尼尔+强力霉素或贝尼尔+土霉素按说明用药，具有良好的效果。

【诊疗注意事项】本病为人兽共患病，注意个人卫生防护。本病主要症状为贫血、发热、精神沉郁等一般症状，因此必须认真检查，并结合剖检做出诊断。

十九、兔密螺旋体病

兔密螺旋体病俗称兔梅毒，是由兔密螺旋体引起的成年兔的一种慢性传染病。

【病原】兔梅毒密螺旋体为革兰氏染色阴性的细长螺旋形微生物。病原主要存在于病兔的病组织中，由于染色不良而常用印度墨汁、姬姆萨、碳酸复红与镀银染色法，如姬姆萨染色呈玫瑰红色。本病原微生物只感染兔，其他动物不受感染。

【典型症状与病变】潜伏期为2 ～ 10周。病兔精神、食欲、体温均正常，主要病变为母兔阴唇、肛门皮肤和黏膜发生炎症、结节和溃疡。公兔阴囊水肿，皮肤呈糠麸样。阴茎水肿，龟头肿大；睾丸也会发生病变（图19-1至图19-3）。通过搔抓病变部，可将其分泌物中的病原体带至其他部位，如鼻、唇、眼睑、面部、耳等处（图19-4）。慢性者导致患部呈干燥鳞片状病变，被毛脱落。髂下淋巴结与腘淋巴结肿大。母兔病后失去配种能力，受胎率下降。

【诊断要点】成年兔多发，放养兔较笼养兔易发。发病率高，但几乎无死亡。根据外生殖器的典型病变可做初步诊断，确诊应依病原体的检出。

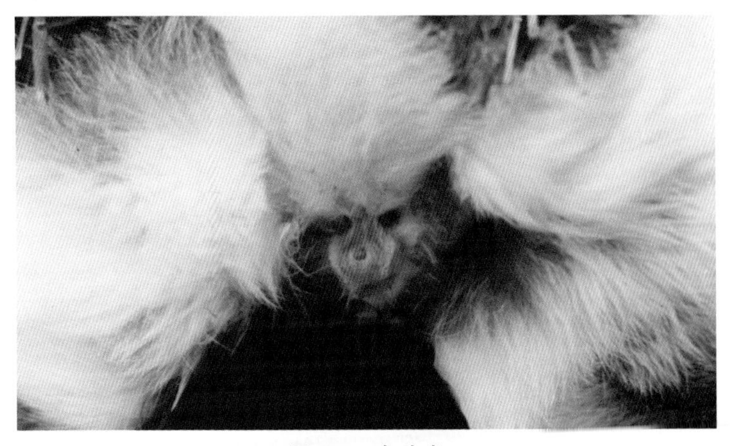

图19-1　龟头炎

龟头与包皮红肿。（陈怀涛）

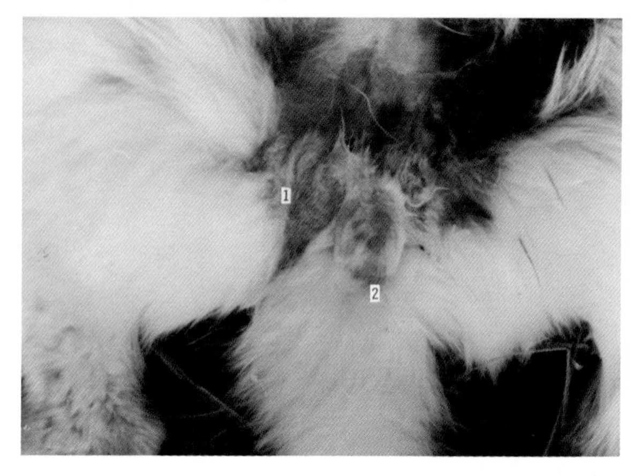

图19-2　阴囊与阴茎肿大

阴囊与阴茎肿胀，其皮肤上有结节、坏死病变。(陈怀涛)

1.阴囊　2.阴茎

图19-3　睾丸炎

睾丸肿大、充血、出血，并有黄色坏死灶。(陈怀涛)

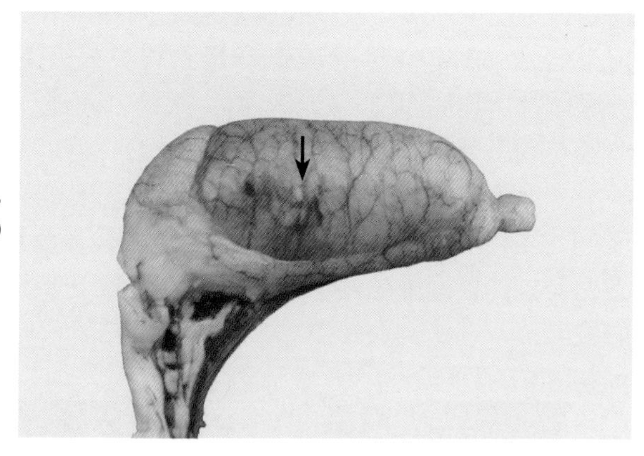

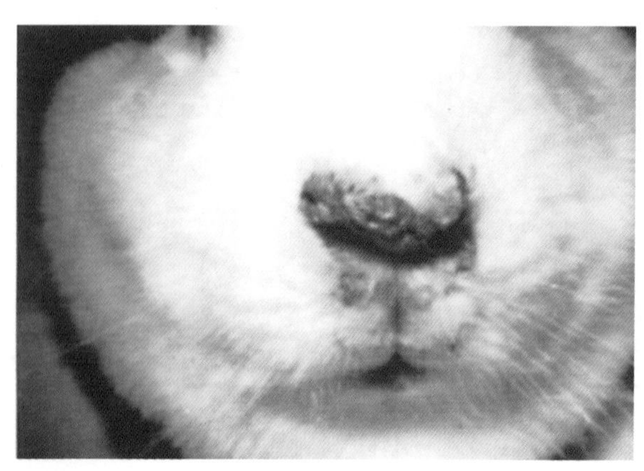

图19-4　鼻、唇部发炎

鼻、唇部皮肤发炎并结痂。(程相朝等，兔病类症鉴别诊断彩色图谱，2009)

【防治措施】定期检查公母兔外生殖器，对患兔或可疑兔停止配种，隔离治疗。重病者淘汰，并用1%～2%氢氧化钠溶液或3%来苏儿对兔笼用具、环境进行消毒。引进的种兔，隔离饲养1个月，确认无病后方可入群。

治疗：新砷凡纳明，每千克体重40～60毫克，用生理盐水配成5%溶液，耳静脉注射。一次不能治愈者，间隔1～2周重复1次。配合青霉素，效果更佳。青霉素每千克体重2万～4万单位，每天2次肌内注射，连用3～5天，局部可用2%硼酸溶液、0.1%高锰酸钾溶液冲洗后，涂擦碘甘油或青霉素软膏。治疗期间停止配种。

【诊疗注意事项】注意与外生殖器官一般炎症、疥螨病鉴别。用新砷凡纳明进行静脉注射时，切勿漏出血管外，以防引起坏死。

二十、兔病毒性出血症

兔病毒性出血症俗称兔瘟、兔出血症，是由兔病毒性出血症病毒引起家兔的一种急性、高度致死性传染病，对养兔生产危害极大。本病的特征为生前体温升高，死后呈明显的全身性出血和实质器官变性、坏死。

【病原】兔病毒性出血症病毒具有独特的形态结构（图20-1）。该病毒具有凝集红细胞的能力，特别是人的O型红细胞。

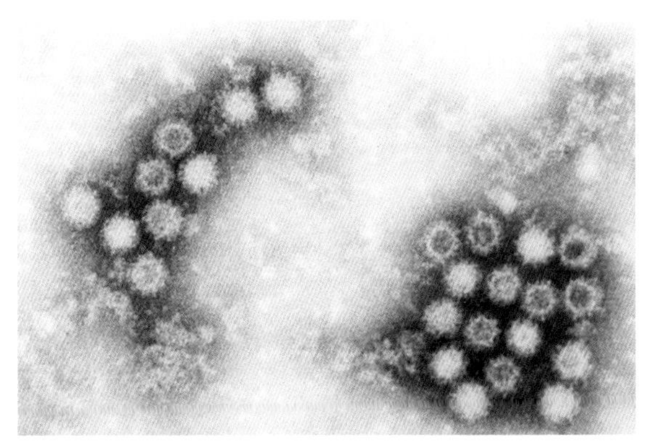

图20-1　兔病毒性出血症病毒颗粒的形态　（×200 000）
（刘胜旺）

【典型症状与病变】最急性病例突然抽搐尖叫几声后猝死。有的嘴内吃着草而突然死亡。急性病例体温升到41℃以上，精神萎靡，不喜动（图20-2），食欲减退或废绝，饮水增多，病程12 ~ 48小时，死前表现呼吸急促，兴奋，挣扎，狂奔，啃咬兔笼，全身颤抖，体温突然下降。有的尖叫几声后死亡。有的鼻孔流出泡沫状血液（图20-3、图20-4），有的口腔或耳内流出红色泡沫样液体（图20-5），肛门松弛，周围被少量淡黄色胶样物沾污（图20-6、图20-7）。慢性的少数可耐过、康复。剖检见气管内充满血样液体，黏膜出血，呈明显的气管环（图20-8、图20-9）。肺充血、有点状出血（图20-10、图20-11）。胸腺、心外膜、胃浆膜、肾、肝脏、淋巴结、肠浆膜等组织器官均明显出血，实质器官变性（图20-12至图20-20）。脑膜血管充血怒张并有出血斑点（图20-21）。脾瘀血肿大（图20-22）。肝脏肿大出血（图20-23）。组织检查，肺、肾等器官有微血栓形成，肝、肾等实质器官细胞明显坏死（图20-24）。

图20-2　兔病毒性出血症

感染兔精神萎靡，伏地不动。（任克良）

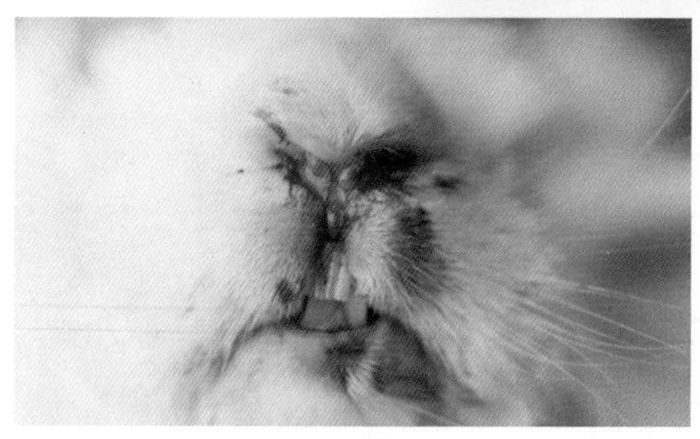

图20-3　兔病毒性出血症

鼻孔有血液流出。（陈怀涛）

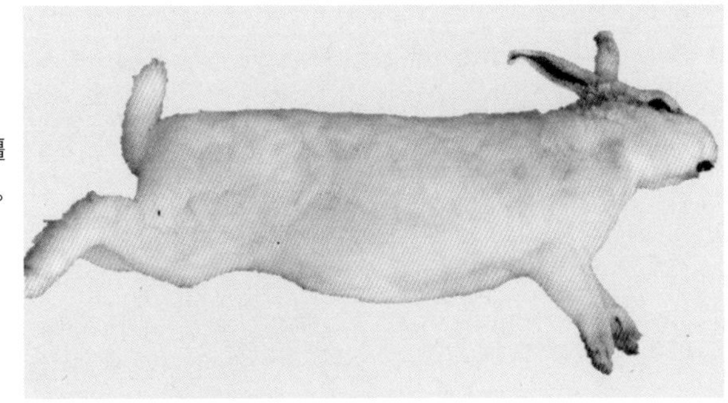

图20-4 尸体营养尚好

尸体不显消瘦，四肢僵直，鼻腔流出鲜红色血液。(任克良)

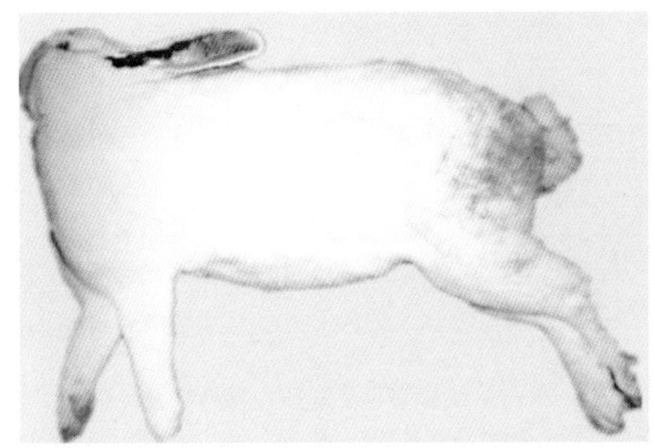

图20-5 耳朵内流出血样液体
(任克良)

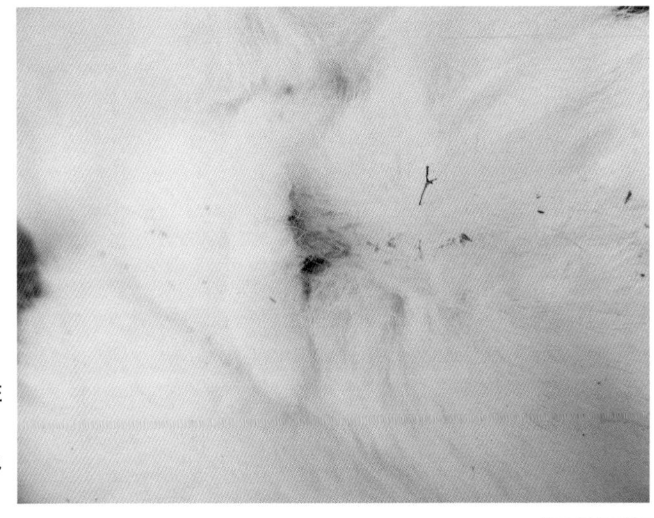

图20-6 兔病毒性出血症

肛门黏有淡黄色黏液。(任克良)

图20-7　病兔排出黏液性粪便
（任克良）

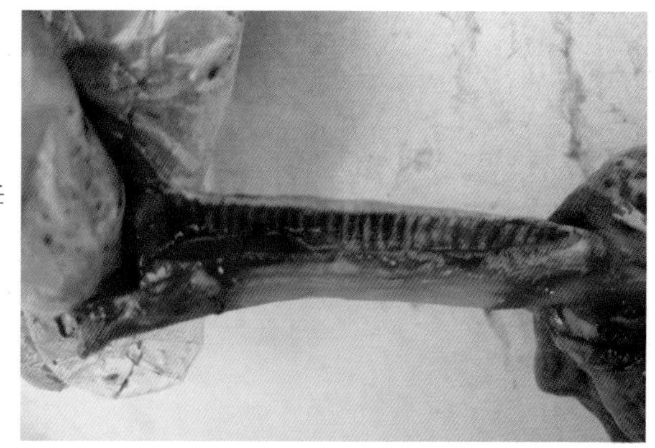

图20-8　气管出血

气管黏膜出血、潮红。（任克良）

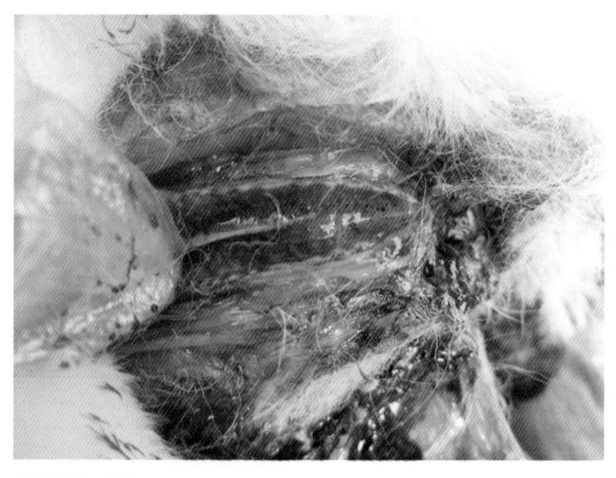

图20-9　气管内充满血样泡沫
（任克良）

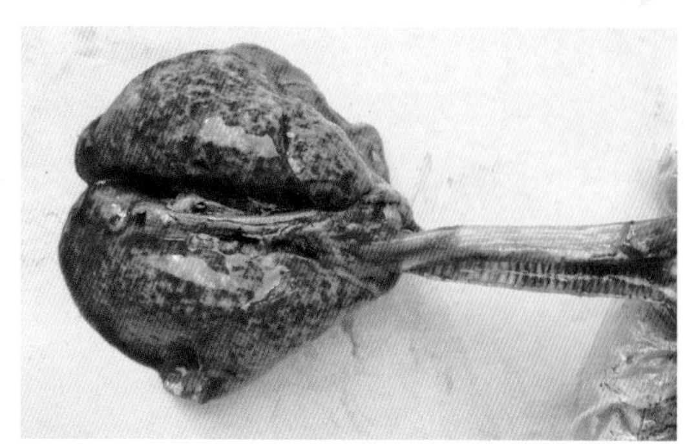

图20-10　肺出血

肺脏有大小不等的出血斑点。(任克良)

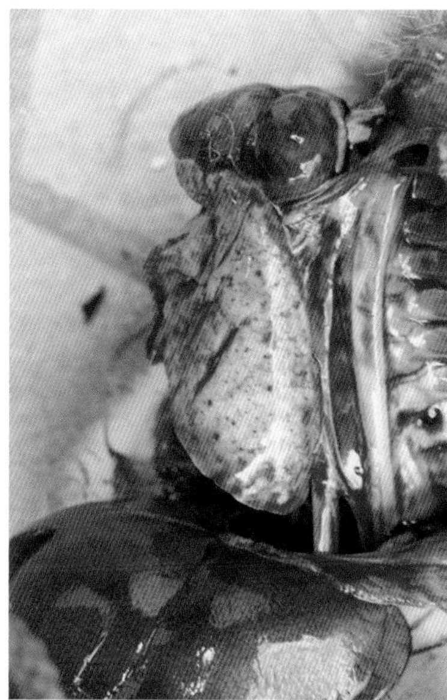

图20-11　肺出血

肺上有鲜红的出血斑点。(任克良)

图20-12　胸腺出血

胸腺水肿，有细小的出血点。(任克良)

图 20-13 心外膜出血
(任克良)

图 20-14 胃浆膜出血

胃浆膜散在大量出血点。(任克良)

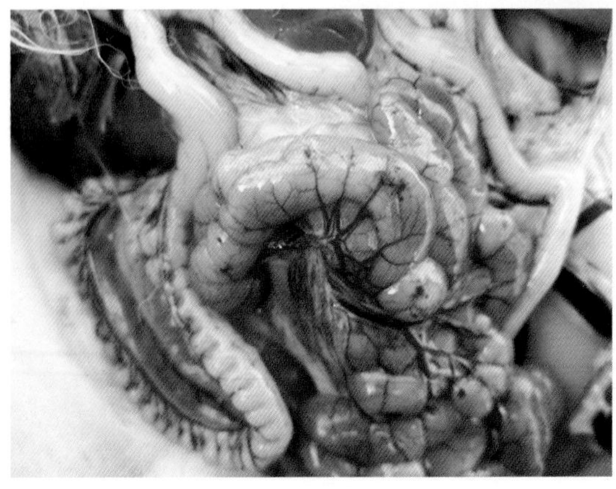

图 20-15 小肠浆膜出血
(任克良)

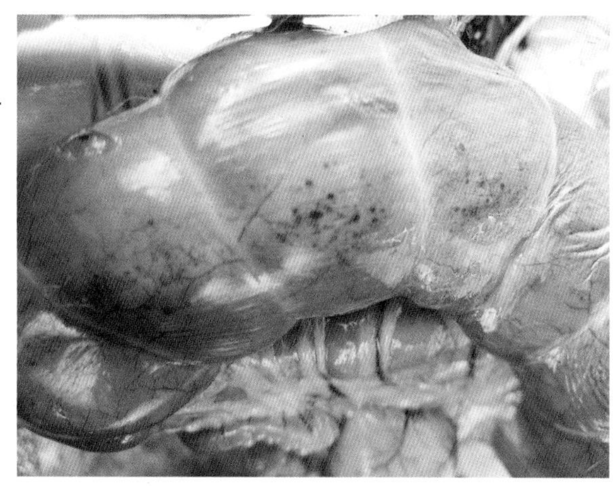

图20-16　盲肠浆膜出血
（任克良）

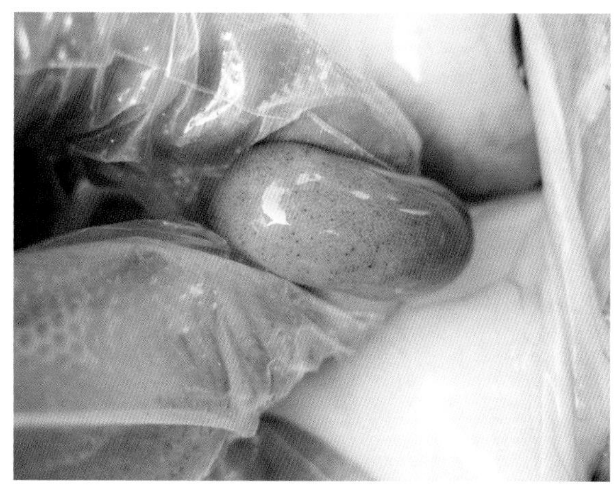

图20-17　肾点状出血
（任克良）

图20-18　兔病毒性出血症
肠浆膜有大量出血斑点。（陈怀涛）

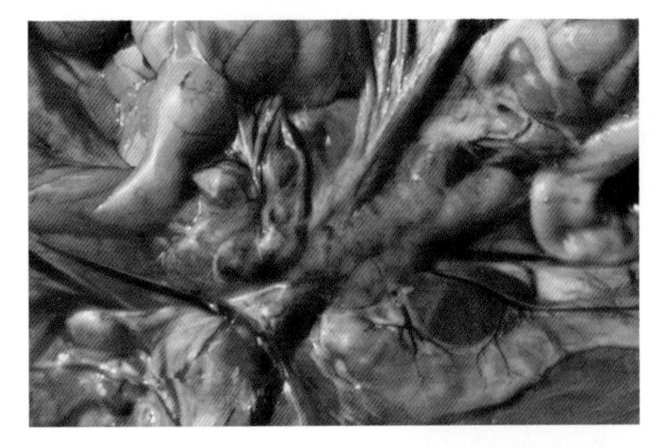

图20-19 淋巴结肿大、出血

肠系膜淋巴结肿大、出血。(陈怀涛)

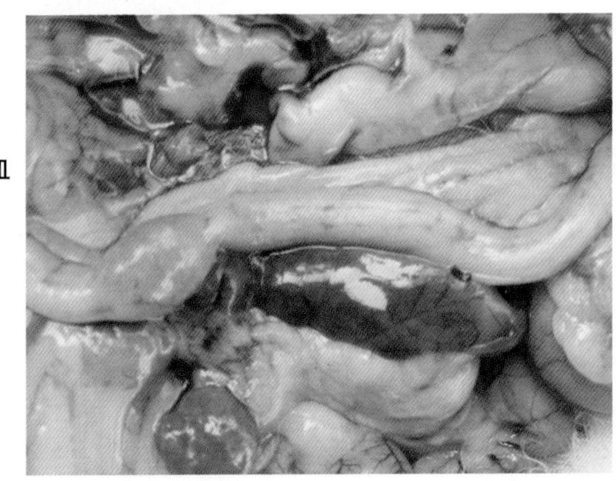

图20-20 直肠浆膜有出血斑点

(任克良)

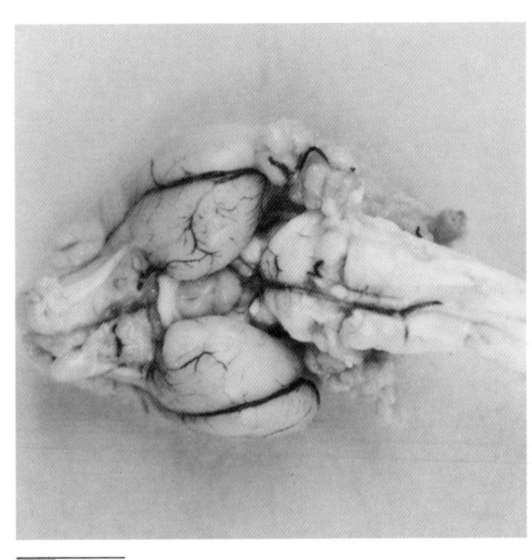

图20-21 兔病毒性出血症

脑膜血管充血怒张并有出血斑点。(王永坤)

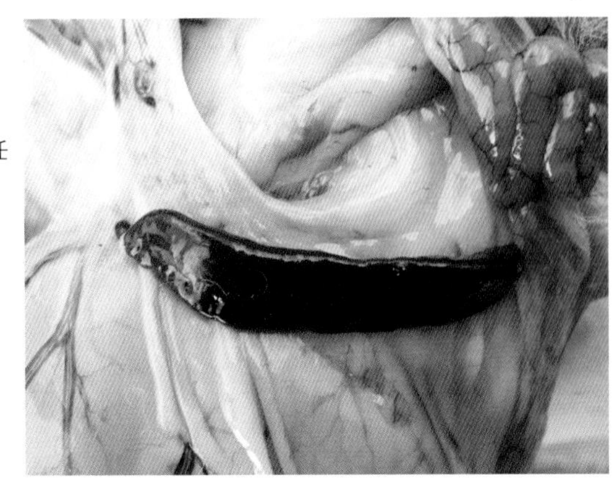

图20-22　脾瘀血

脾瘀血肿大，呈黑紫色。（任克良）

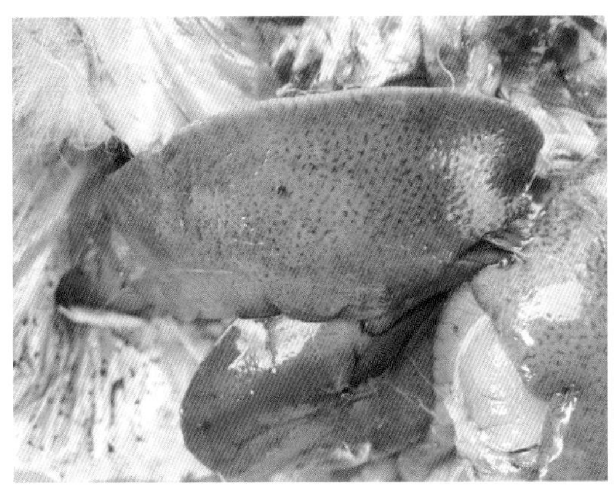

图20-23　肝脏肿大

肝脏肿大、色黄，有出血斑点。（任克良）

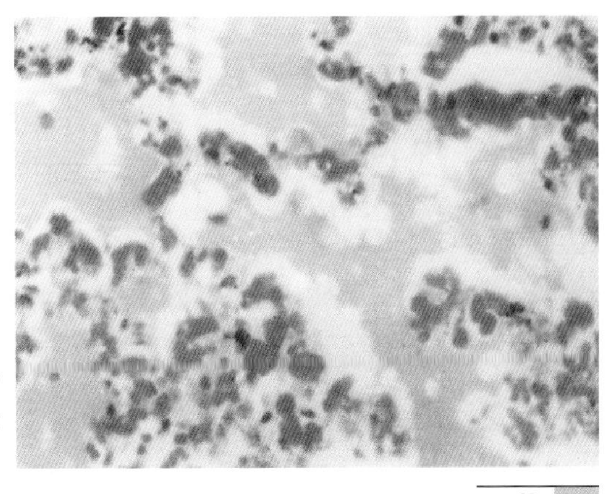

图20-24　肺微血栓形成

肺淤血、水肿，肺泡隔毛血管有大量微血栓形成。HE×400（徐福南）

【诊断要点】①青年兔与成年兔的发病率、死亡率高。月龄越小，发病越少，仔兔一般不感染。一年四季均可发生，多流行于冬春季。②主要呈全身败血性变化，以多发性出血最为明显。③确诊需做病毒分离鉴定、血凝试验和血凝抑制试验。

【防治措施】①定期注射兔瘟组织灭活疫苗。30 ～ 35日龄用兔瘟单联苗或兔瘟-巴氏杆菌病二联苗，每只皮下注射2毫升。60 ~ 65日龄时加强免疫一次，皮下注射1毫升。以后每隔5.5 ~ 6个月注射1次。②禁止从疫区购买兔。③严禁收购肉兔、兔毛、兔皮的商贩进入生产区。④病死兔要深埋或焚烧，不得乱扔。使用的一切用具、排泄物均需1%氢氧化钠溶液消毒。

治疗：本病无特效药物。可使用抗兔瘟高免血清，一般在发病后尚未出现高热症状时使用。若无高免血清，应对未表现临诊症状兔进行兔瘟疫苗紧急接种，剂量2 ~ 4倍，一只兔用一个针头。

【诊疗注意事项】注意与急性巴氏杆菌病鉴别。目前兔瘟流行趋于低龄化，病理变化趋于非典型化，多数病例仅见肺、胸腺、肾等脏器有出血斑点，其他脏器病变不明显，这点在诊断时要特别注意。发生本病用疫苗进行紧急预防接种后，短期内兔群死亡率可能有升高的情况。

二十一、兔传染性水疱口炎

兔传染性水疱口炎俗称流涎病，是由水疱口炎病毒引起的一种急性传染病。其特征是口腔黏膜形成水疱和伴有大量流涎。发病率和死亡率较高，幼兔死亡率可达50%。

【病原】兔传染性水疱口炎病毒主要存在于病兔的水疱液、水疱及局部淋巴结中。

【典型症状与病变】口腔黏膜发生水疱性炎症，并伴随大量流涎（图21-1)。病初体温正常或升高，口腔黏膜潮红、充血，随后出现粟粒至扁豆大的水疱。水疱破溃后形成溃疡（图21-2、图21-3)。流涎使颌下、胸前和前肢被毛粘成一片，发生炎症、脱毛。如继发细菌性感染，常引起唇、舌、口腔黏膜坏死，发生恶臭。患兔食欲下降或废绝，精神沉郁，消化不良，常发生腹泻，日渐消瘦，虚弱或死亡。幼兔死亡率高，青年兔、成年兔较低。

图21-1 流 涎

病兔大量流涎，沾湿下颌、嘴角和颜面部被毛。（任克良）

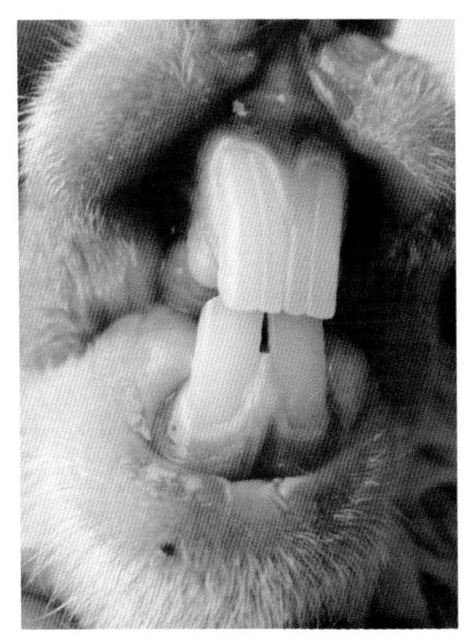

图21-2 溃 疡

下唇和齿龈黏膜有不规则的溃疡。（任克良）

图21-3 口腔黏膜结节和水疱

齿龈和唇黏膜充血，有结节和水疱形成。（陈怀涛）

【诊断要点】根据流行病学资料（主要危害1～3月龄的幼兔，其中断奶1～2周龄的幼兔最常见，成年兔发病较少，本病常发生于春秋季），症状（大量流涎）和病变（口腔黏膜的结节、水疱与溃疡）可做出诊断；必要时做病毒鉴定。

【防治措施】经常检查饲料质量，严禁用粗糙、带芒刺饲草饲喂幼兔。发现流口水的兔，及时隔离治疗，并对兔笼、用具等用2%氢氧化钠溶液消毒。

治疗：①可用青霉素粉剂涂于口腔内，剂量以火柴头大小为宜，一般一次可治愈。但剂量大时易引起兔死亡。②先用防腐消毒液（如1%盐水或0.1%高锰酸钾溶液等）冲洗口腔，然后涂擦碘甘油、明矾与少量白糖的混合剂，每天2次。全身治疗可内服磺胺二甲嘧啶，每千克体重0.2～0.5克，每天1次。③对可疑病兔喂服磺胺二甲嘧啶，剂量减半。

【诊疗注意事项】本病的诊断比较容易，但注意与坏死杆菌病、兔痘鉴别。治疗最好局部与全身兼治，疗效较好。

二十二、兔轮状病毒病

兔轮状病毒病是由轮状病毒引起仔兔的一种急性肠道传染病，其临诊特征为腹泻与脱水。

【病原】轮状病毒颗粒的形态略呈圆形，为具有双层衣壳的RNA病毒，直径为65～76纳米（图22-1）。

【典型症状与病变】2～6周龄（尤其4～6周龄）的仔兔最易感染发病。病兔表现昏睡、食欲下降或废绝。排出半流体或水样粪便，后臀部沾有粪便。多数于腹泻后2天内死亡，病死率可达40%。青年兔、成年兔常呈隐性感染而带毒，多数不表现症状。病死兔剖检，空肠、回肠黏膜充血、水肿，肠内容物稀薄，镜检见绒毛呈多灶性融合和中度缩短或变钝，肠细胞扁平。有些肠段的黏膜固有层和黏膜下层轻度水肿。

【诊断要点】根据本病流行特点、症状、病变及治疗试验（抗生素疗效不佳）可作出倾向性诊断。

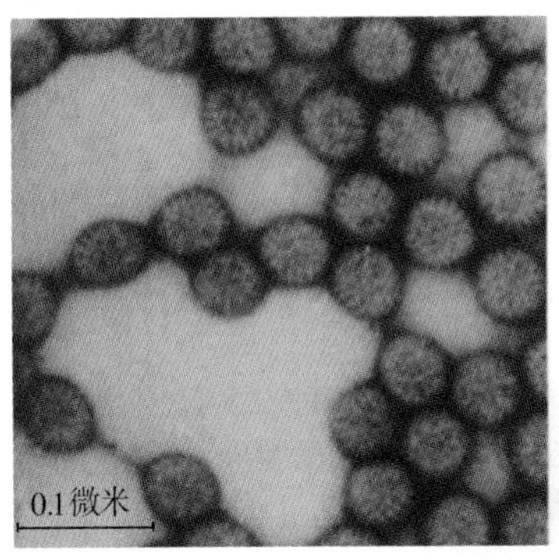

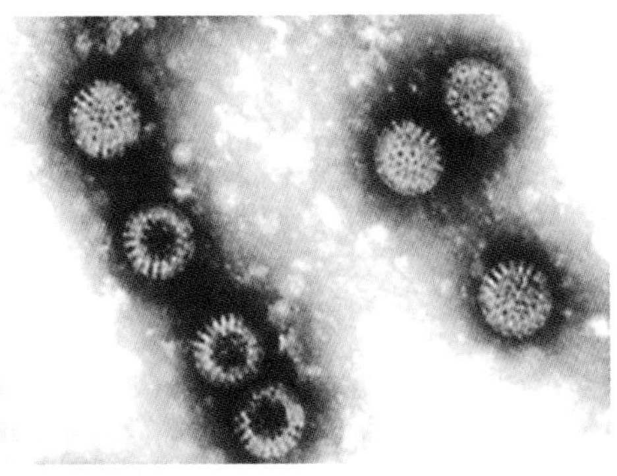

图22-1　轮状病毒的形态

电子显微镜下轮状病毒粒子呈车轮状。×200 000(程相朝等，兔病类症鉴别诊断彩色图谱，2009)

【防治措施】本病目前尚无有效的疫苗与治疗方法，因此重点应在于预防，加强饲养管理，注意兔舍卫生，给予仔兔充足的初乳和母乳。

治疗：以纠正体液、电解质平衡失调、防止继发感染为原则。用轮状病毒高免血清治疗，每千克体重皮下注射2毫升，每天1次，连用3天。

【诊疗注意事项】注意与魏氏梭菌病、大肠杆菌病和球虫病作鉴别。兔场一旦流行此病，一般很难根治，以后每年都会连续发生。

二十三、兔痘

兔痘是由兔痘病毒引起家兔的一种急性、热性、高度接触性传染病，其特征是皮肤、口鼻黏膜及腹膜、内脏器官的痘疹形成。幼兔和妊娠母兔发病后致死率较高。

【病原】兔痘病毒。病毒存在于病兔的全身组织器官，以肾上腺和肾脏含量最高。病兔的分泌物和排泄物中含有大量病毒。

【典型症状与病变】潜伏期，新疫区2 ～ 9天，老疫区2周。

痘疱型：体温升高，不食，流鼻涕，淋巴结（特别是腘淋巴结和腹股沟淋巴结）、扁桃体肿大。皮肤出现痘疹病变，表现为红斑、丘疹坏死和出血（图23-1）。有的发生结膜炎、外生殖器炎、支气管肺炎、流产和神经症状。感染后1 ～ 2周死亡。剖检见皮肤、口腔黏膜及腹膜、内脏器官的痘疹病变。

非痘疱型：多无典型痘疹变化，但常见胸膜炎、肝坏死灶、脾脏肿大、睾丸水肿与出血以及肺和肾上腺的灰白色小结节。

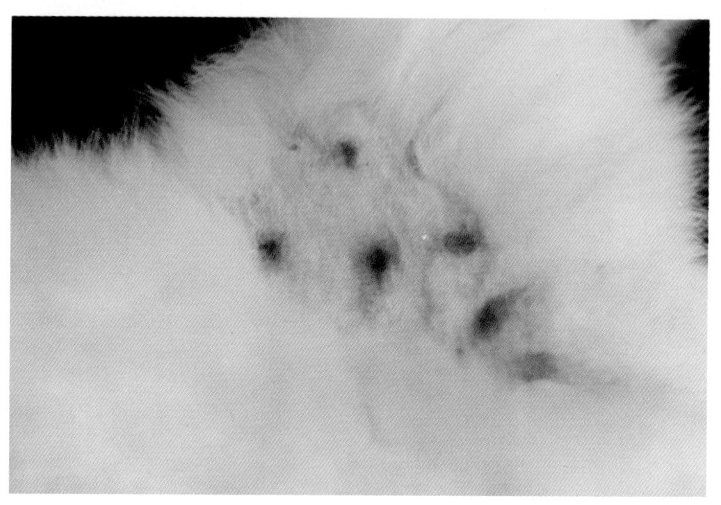

图23-1 皮肤痘疹

皮肤痘疹，已干燥坏死结痂。（陈怀涛）

【诊断要点】根据流行特点、症状、皮肤与黏膜的痘疹病变，结合肺、肝、脾、胆囊黏膜、淋巴结、腹膜和网膜的痘疹结节病变可做出诊断。必要时进行病毒鉴定。

【防治措施】加强日常卫生防疫工作，避免引入传染源。兔受到本病威胁时，可用牛痘苗作紧急预防接种。本病目前尚无有效防治措施。

【诊疗注意事项】口腔病变应注意与传染性水疱口炎鉴别。

二十四、兔乳头状瘤病

兔乳头状瘤病是由病毒引起的一种肿瘤性疾病，其特征为局部皮肤呈乳头状生长。

【病原】乳头状瘤病毒属的乳头瘤病毒。

【典型症状与病变】本病具有传染性，兔群中如有一只患病，则乳头状瘤可长期存在，并能发生恶性变化，引起死亡。在皮肤（头、颈、乳腺、腹、背、四肢、肛门等部）或口腔黏膜（主要在舌腹面）形成肿瘤。肿瘤位于皮肤时，呈黑色或暗灰色，表面有厚层角质（图24-1）。在口腔，本瘤多位于舌腹面，色灰白，呈结节状，表面光滑，较大时形似花椰菜状。

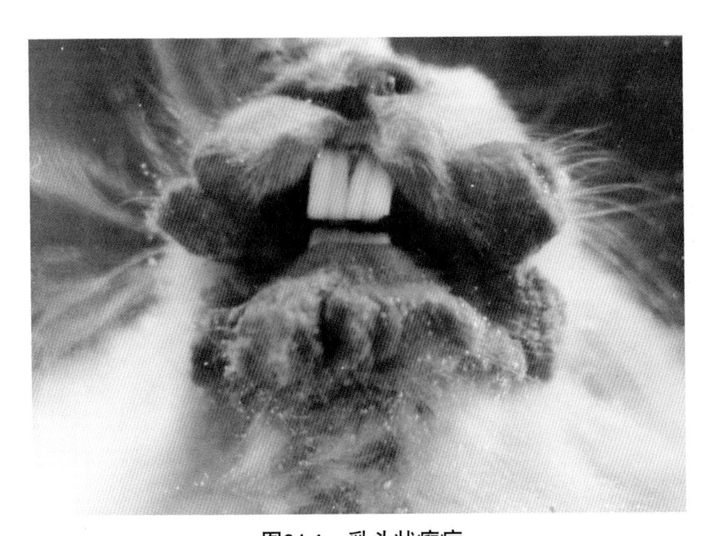

图24-1　乳头状瘤病

口周皮肤有多发性乳头状瘤生长，有的表面出血、发炎。（甘肃农业大学兽医病理室）

【诊断要点】根据肿瘤发生部位、病理特征（皮肤或口腔黏膜的乳头状瘤形成）和传染性可做出初步诊断，确诊应依据病毒分离与鉴定。

【防治措施】控制传染源，消灭昆虫等媒介，严格执行兽医卫生防疫制度。

二十五、兔黏液瘤病

兔黏液瘤病是由黏液瘤病毒引起的一种高度接触性、致死性传染病。其特征为全身皮下、尤其是头面部和天然孔周围皮下发生黏液瘤性肿胀。

【病原】病原是黏液瘤病毒。不同病株所致病变不尽相同。

【典型症状与病变】最急性：出现眼睑肿胀后1周内死亡。急性：感染后6 ~ 7天出现全身性肿瘤，眼睑肿胀，黏液脓性结膜炎（图25-1），8 ~ 15天死亡。慢性：轻度水肿及少量鼻漏和眼垢，还有界限明显的结节，表现症状较轻，死亡率低。本病最突出的病变是皮肤肿瘤和皮下显著水肿，尤其是颜面部和天然孔周围的肿胀（图25-2）。组织检查，可见典型的黏液瘤病的病理变化（图25-3）。

图25-1　兔黏液瘤病

眼睑肿胀，鼻孔周围皮肤肿胀，鼻塞，呼吸困难。（西班牙HIPRA，S.A实验室）

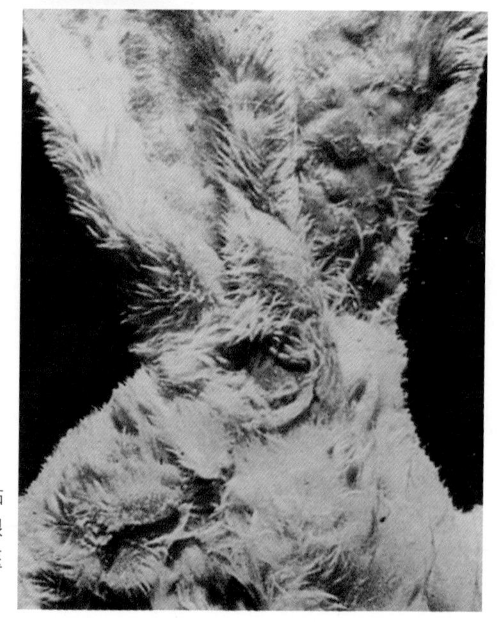

图25-2　兔黏液瘤病

兔耳肿胀，耳部和头部皮肤有不少黏液瘤结节，同时尚有继发性结膜炎，见眼睑肿胀。（J.M.V.M.Mouwen等，兽医病理彩色图谱）

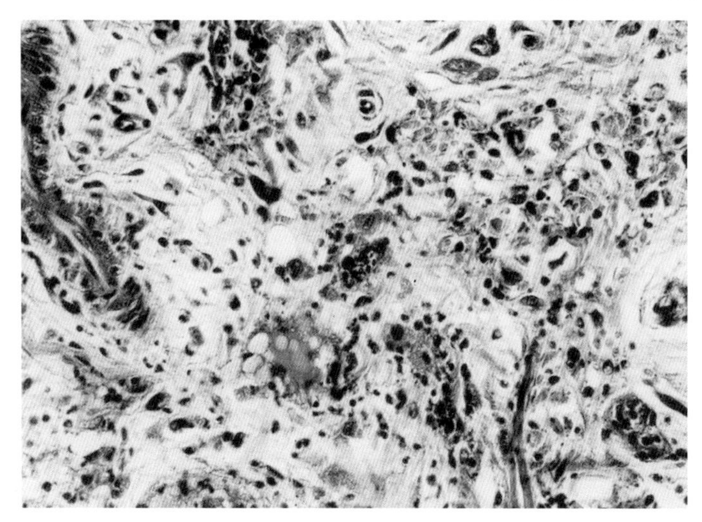

图25-3　黏液瘤的组织结构

瘤组织主要由大小不等的多角形与梭形瘤细胞构成，细胞间为淡染的无定形基质和散在的中性粒细胞，胶原纤维稀疏，血管内皮与外膜细胞增生。(J.M.V.M.Mouwen等，兽医病理彩色图谱)

【诊断要点】根据皮肤黏液瘤的眼观和组织学病变可做出初步诊断，如欲确诊应分离黏液瘤病毒。

【防治措施】①加强检疫，严禁从有本病的国家进口兔和未经消毒的兔产品，以防本病传入。一旦发生本病，立即扑杀处理，并彻底消毒。②严防野兔进入养兔场。③做好兔场清洁卫生工作，防止吸血昆虫叮咬家兔。④用黏液瘤病毒灭活菌进行预防注射。

【诊疗注意事项】我国目前尚未发现本病的发生，为此从国外引种时要严格检疫，防止本病传入我国。

二十六、兔纤维瘤病

兔纤维瘤病是由兔纤维瘤病毒引起家兔和野兔的一种良性肿瘤病。其特征为皮下或黏膜下结缔组织形成结块状纤维瘤。

【病原】兔纤维瘤病毒为双股DNA病毒，病毒颗粒呈砖形。

【典型症状与病变】自然感染病兔，食欲正常，精神良好，多在腿、脚、面部或其他部位皮下形成坚实的结节或团块状圆形肿瘤（图26-1），肿瘤单发或多发，常具有滑动性。有的病兔外生殖器充血、水肿。一般成年兔的肿瘤为良性经过，但幼兔也可引起死亡。剖检见位于皮下的肿瘤质硬，大小不等，界限较明显，一般无炎症或坏死反应（图26-2）。组织学检查，肿瘤主要是由梭状的纤维瘤细胞组成的（图26-3）。

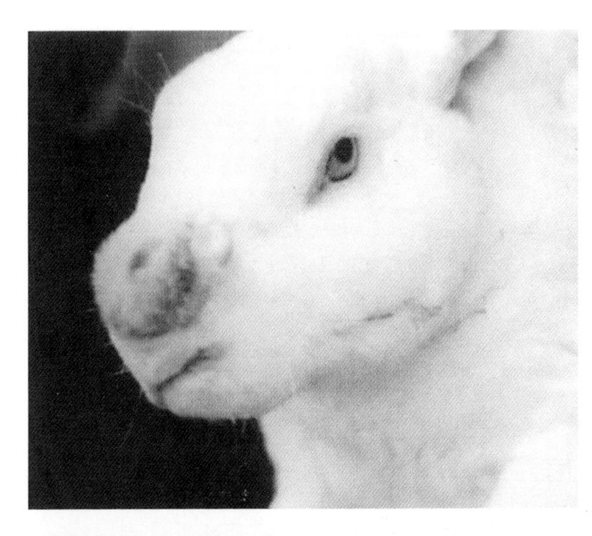

图26-1　兔纤维瘤病

鼻孔上方发生的一个圆块状纤维瘤。（耿永鑫）

图26-2　兔纤维瘤病

纤维瘤呈结节状（皮肤已剥除），右侧为切面：肿瘤界限明显，可见丝状纹理。（陈怀涛）

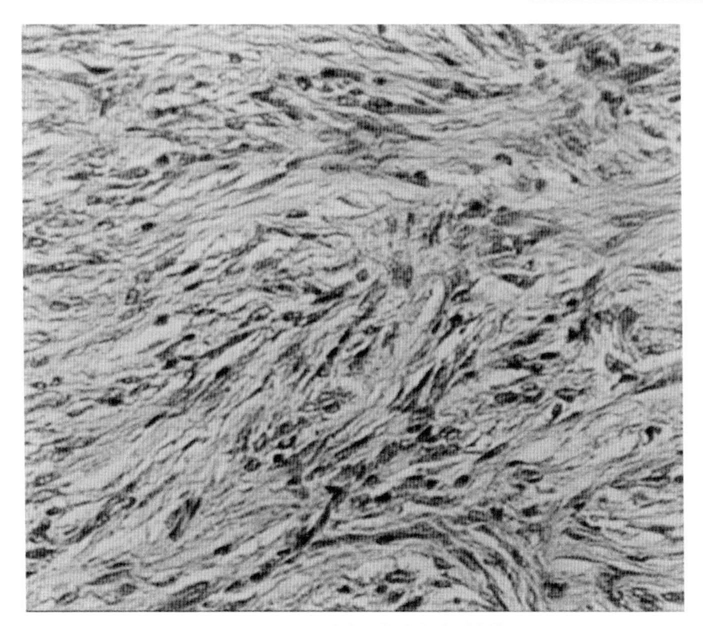

图26-3 兔纤维瘤组织结构

瘤组织主要由大小比较一致的长条状、梭状瘤细胞组成的，胶原细胞较多，细胞与纤维成束交织。（陈怀涛）

【诊断要点】吸血昆虫繁殖季节多发。根据症状和病理变化可做出初步诊断，确诊需做病理切片，或对易感兔进行病料接种试验。

【防治措施】引入种兔应严格检疫，隔离观察，证明无病后方可入群饲养。杜绝病原传入并防止野兔及吸血昆虫进入兔舍。发现病兔立即扑杀，尸体深埋或焚烧，兔舍、兔笼、用具等严格消毒。流行区兔群可用兔纤维瘤病毒疫苗进行免疫接种。

【诊疗注意事项】本病一般为良性经过，病兔康复后具有坚强的免疫力，对黏液瘤病也有抵抗力。

二十七、毛癣菌病（皮肤真菌病）

毛癣菌病是由致病性皮肤癣真菌感染表皮及其附属结构（如毛囊、毛干）而引起的疾病，其特征为皮肤局部脱毛、形成痂皮甚至溃疡。

除兔外，本病也可感染人、多种畜禽以及野生动物。

【病原】须发毛癣菌是引起毛癣菌病最常见的病原体，石膏样小孢子菌、犬小孢子菌等也可引起（图27-1至图27-3）。感染本病的母兔成为带菌者，仔兔哺乳被感染发病，青年兔可自愈，但常为带菌者（图27-4）。

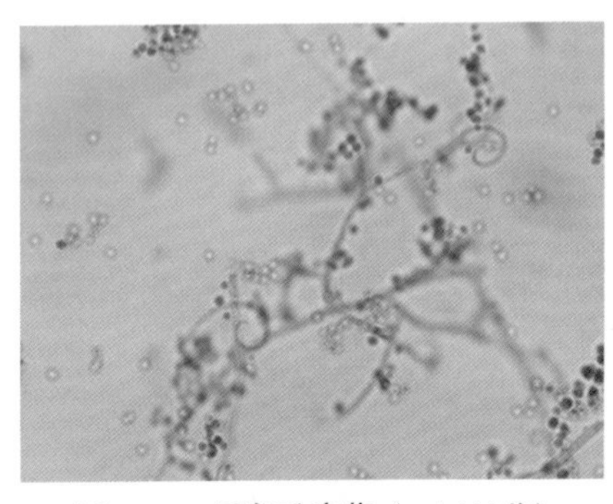

图27-1　须发毛癣菌（×1 000倍）
（高淑霞、崔丽娜）

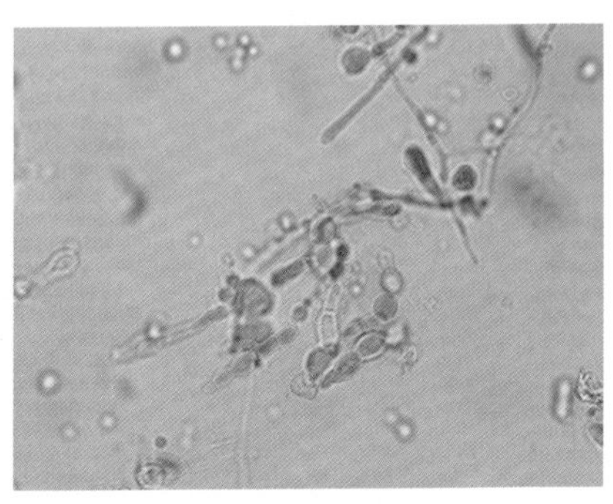

图27-2　石膏样小孢子菌（×1 000倍）
（高淑霞、崔丽娜）

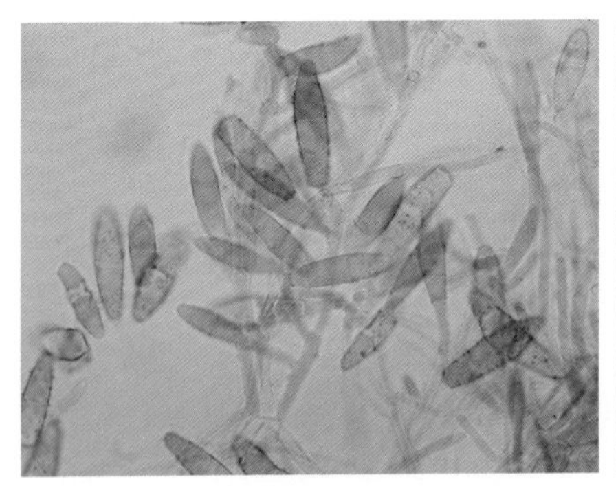

图27-3　犬小孢子菌（×1 000倍）
（高淑霞、崔丽娜）

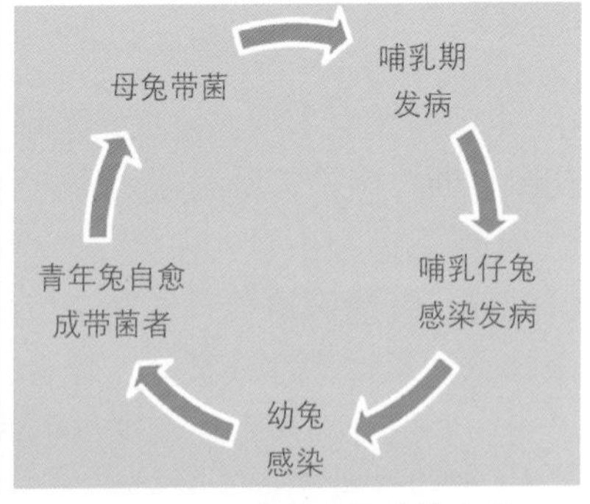

图27-4　毛癣菌病的感染方式

【典型症状与病变】仔兔多因哺乳带菌的母兔被感染，病初感染部位发生在头部，如嘴周围、鼻部、面部、眼周围、耳及颈部等皮肤，继而感染肢端、腹下和其他部位，患部皮肤形成不规则的块状或圆形、椭圆形脱毛与断毛区，覆盖一层灰白色糠麸样痂皮（图27-5至图27-11），并发生炎性变化，有时形成溃疡。患兔剧痒，骚动不安，采食下降。逐渐消瘦，或继发感染使病情恶化而死亡。病兔虽可自愈，但成为带菌者，为兔群的隐形传染源。

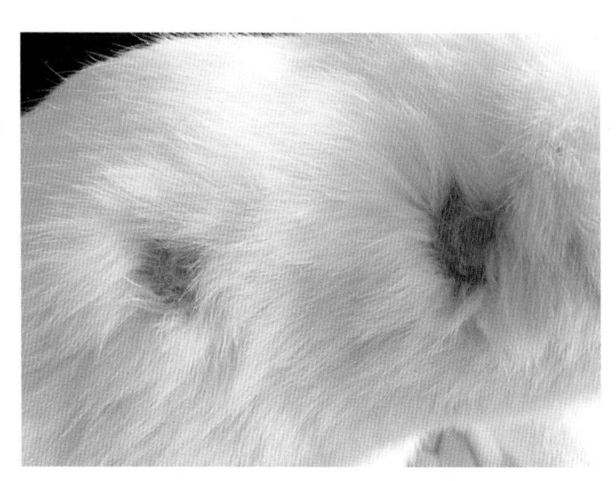

图27-5 母兔乳头周围脱毛，形成痂皮
（任克良）

图27-6 眼周与面部病变

颜面部、眼周围脱毛、充血、形成痂皮。（任克良）

图27-7 口与鼻周、眼周病变

口与鼻周、眼周脱毛、充血，形成痂皮。（任克良）

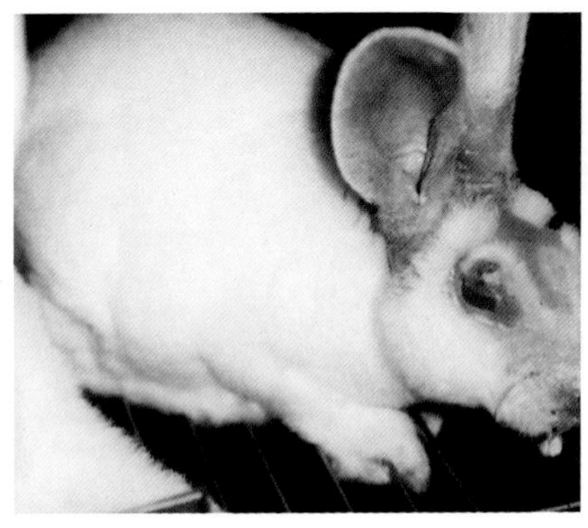

图27-8　耳部与面部病变

颜面部、眼周围、耳部脱毛，有痂皮。(任克良)

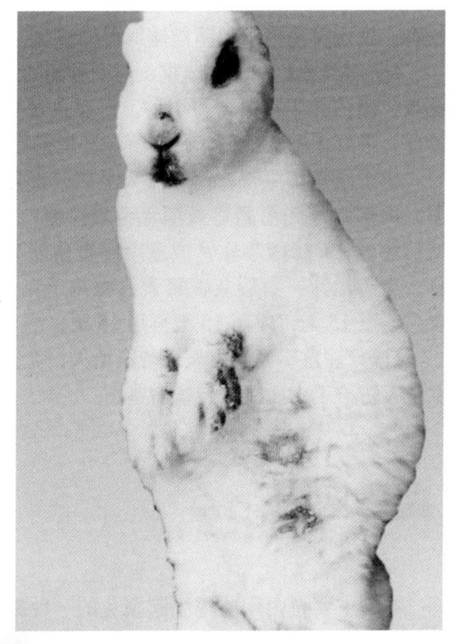

图27-9　腹部与肢部病变

肢部及腹部发生脱毛、充血，并有痂皮形成。(任克良)

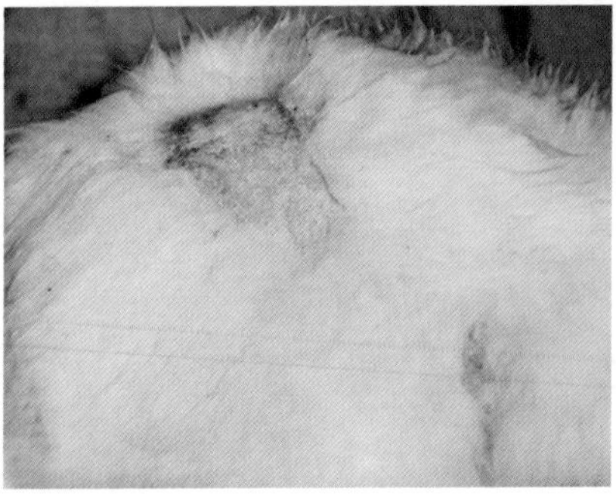

图27-10　背部与腹侧病变

背部、腹侧有界限明显的片状脱毛区，皮肤上覆盖一层白色糠麸样痂皮。(任克良)

图27-11　肛门处病变

肛门周围形成痂皮。（任克良）

【诊断要点】①有从感染本病兔群引种史。②仔兔、幼兔易发，成年兔常无临诊症状但多为带菌者，成为兔群感染源。③皮肤的特征病变。④刮取皮屑检查，发现真菌孢子和菌丝体即可确诊。

【防治措施】引种要慎重。对供种场兔群尤其是仔兔、幼兔要严格查看，确信为无本病的方可引种。引种后必须隔离观察至第一胎仔兔断奶，确认出生后的仔兔无本病发生，方可将种兔混入兔群饲养。一旦发现兔群有患兔可疑，立即隔离治疗，最好淘汰处理，并对所在环境进行全面彻底消毒。

由于本病传染快，治疗效果虽然较好但易复发，目前尚未有效的控制方法，为此，强烈建议以淘汰为主。对初生仔兔全身涂抹克霉唑制剂可以有效预防仔兔的发生。局部治疗先用肥皂或消毒药水涂擦，以软化痂皮，将痂皮去掉，然后涂擦2%咪康唑软膏或益康唑软膏等，每天涂2次，连用数天。全身治疗：口服灰黄霉素，按每千克体重25～60毫克，每天1次，连服15天，停药15天，再用15天。

【诊疗注意事项】本病可传染给人，尤其是小孩、妇女，因此应注意个人防护工作。注意与螨病鉴别。

二十八、曲霉菌病

曲霉菌病主要是由烟曲霉等引起的家兔一种深部霉菌病。其特征是呼吸器官（尤其是肺和支气管）发生霉菌性炎症，以仔兔最为常见。

【病原】主要为烟曲霉，有时为黑曲霉。霉菌及其孢子中的毒素是致病的主要原因。霉菌和产生的孢子广泛存在于稻草、谷物、木屑、发霉的饲料及地面、用具和空气中。

【典型症状与病变】急性病例很少见。多见于仔兔，常成窝发生。慢性病例时病兔逐渐消瘦，呼吸困难，且日益加重，症状明显后几周内死亡。剖检时，在肺部可见粟粒大的圆形结节，其中为干酪样物，周围为红晕；或在肺中形成边缘不整齐的片状坏死区（图28-1、图28-2）。

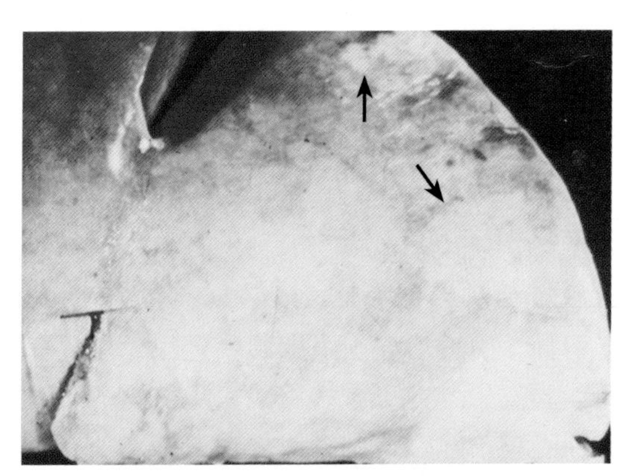

图28-1　肺坏死病变

肺表面见大小不等的灰黄色病变区（↑），其边缘不整齐，附近肺组织充血色红。（佘锐萍）

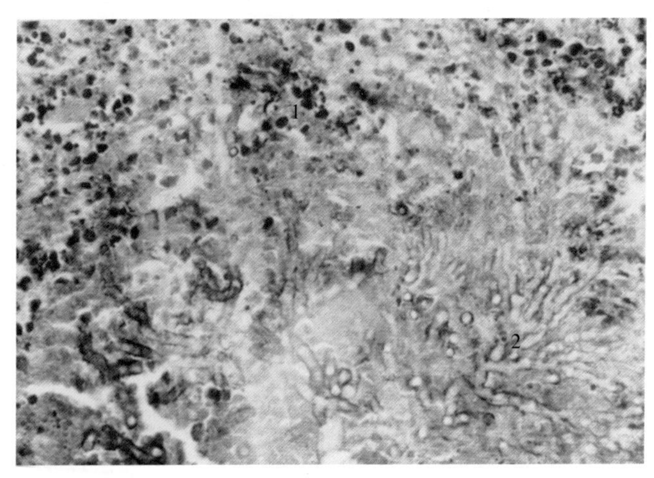

图28-2　坏死性肺炎

（陈怀涛）

1. 肺组织坏死　2. 霉菌菌丝和孢子

【诊断要点】仔兔呈全窝发病，仅依据临诊症状难以确诊。确诊需做组织切片，并取材检查曲霉菌。

【防治措施】本病以预防为主。放入产箱内的垫料应清洁、干燥，不含霉菌孢子；不喂发霉饲料；兔舍内保持干燥、通风。

本病目前尚无有效的治疗方法。可试用两性霉素B或克霉唑。

【诊疗注意事项】本病症状不特异，故生前诊断需慎重。死后可用病理组织学检查或病原学检查。

二十九、球虫病

兔球虫病主要是由艾美耳属的多种球虫引起的一种对幼兔危害极其严重的原虫病，其特征为腹泻、消瘦及球虫性肝炎和肠炎。

【病原】侵害家兔的球虫约有10多种。艾美耳球虫寄生于兔肝内胆管上皮细胞，其他种类的球虫均寄生于肠上皮细胞。随粪便排出的球虫称为卵囊，呈卵圆形或椭圆形（图29-1），在外界适宜的条件下发育成熟而具有侵袭性。

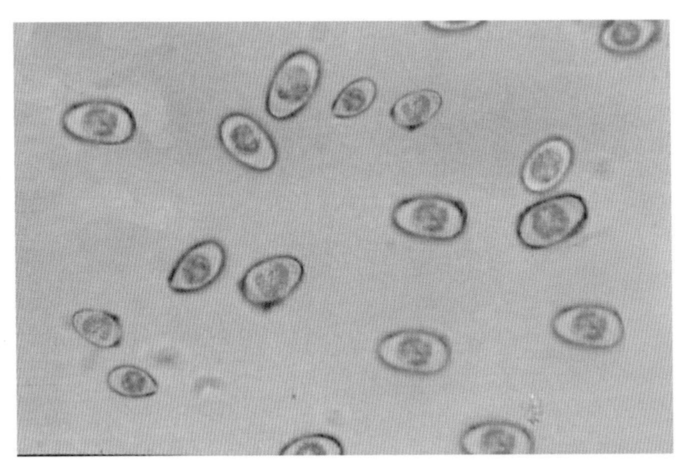

图29-1　球虫卵囊

呈卵圆形或椭圆形。（任克良）

【典型症状与病变】精神沉郁，食欲减退或废绝，喜卧（图29-2），贫血，腹胀，眼、鼻分泌物及唾液增多，眼结膜苍白，腹泻。尿频或常呈排尿姿势。肝区压痛。后期可见痉挛或麻痹、头后仰、抽搐等神经症状，终因衰竭而死亡。剖检时，肝型见肝肿大，表面有粟粒至豌豆大的圆形白色或淡黄色结节病灶（图29-3、图29-4），切面胆管壁增厚，管腔内有浓稠的液体或有坚硬的矿物质。胆囊肿大，胆汁浓稠、色暗。腹腔积液。肠型见小肠、盲肠黏膜发炎、充血甚至出血，内容物含有大量的卵囊。慢性病例肠黏膜呈淡灰色，可见小的灰白色结节（内含卵囊）（图29-5、图29-6），尤其是小肠、盲肠蚓突部（图29-7）。

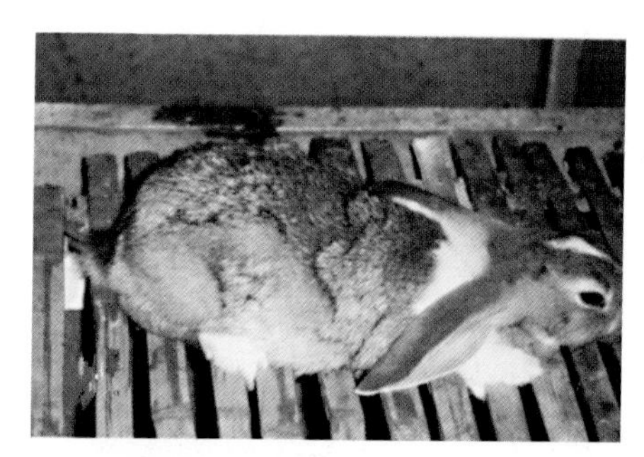

图29-2　患兔精神沉郁，被毛蓬乱，食欲减退，喜卧
（任克良）

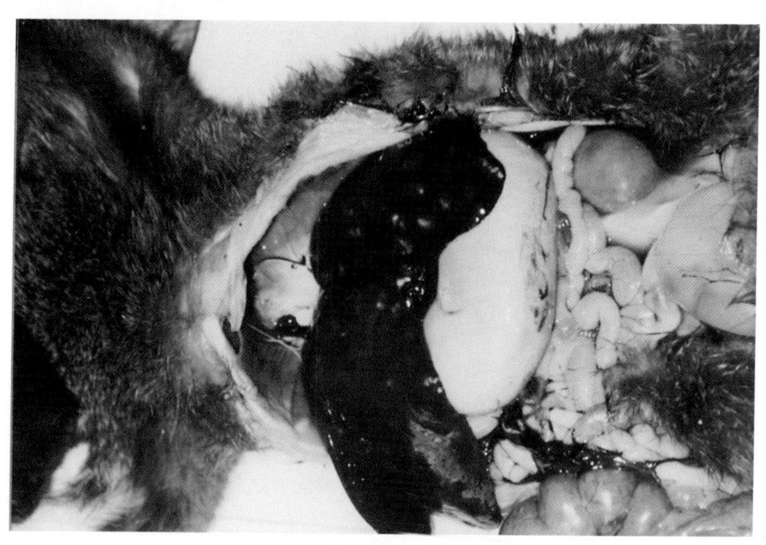

图29-3　肝结节状病变
肝表面和实质内有淡黄色圆形结节，膀胱积尿。（任克良）

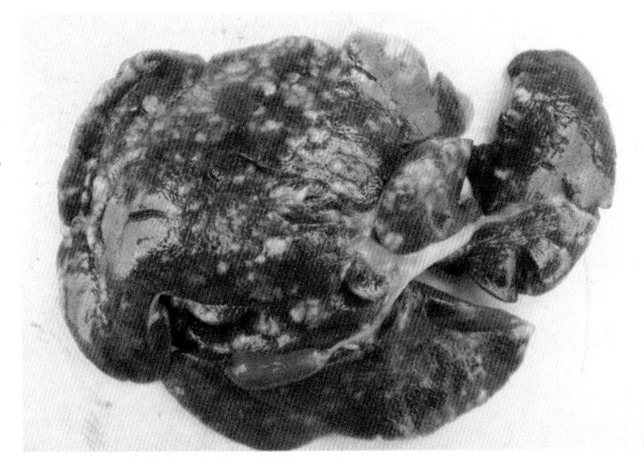

图 29-4　球虫性肝炎

肝脏上密布大小不等的淡黄色结节，胆囊充盈。(任克良)

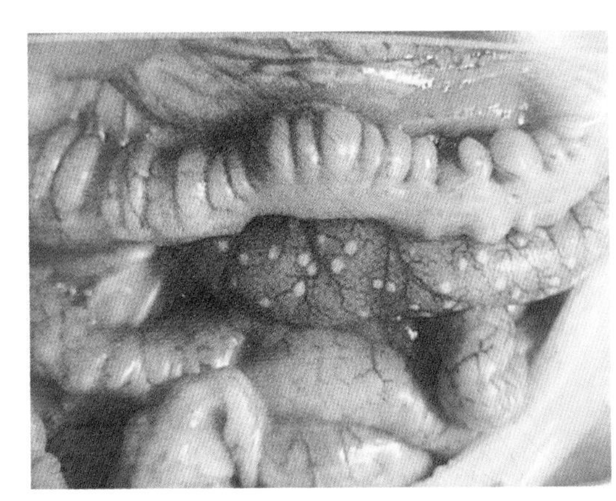

图 29-5　球虫性肠炎

小肠黏膜呈淡灰色，有白色结节。(董亚芳、王启明)

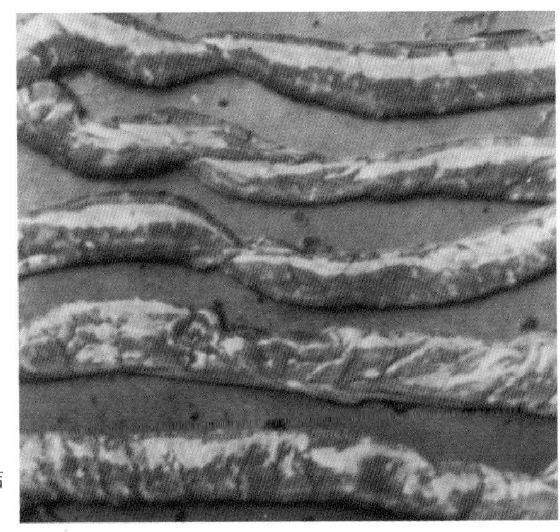

图 29-6　球虫性肠炎

小肠壁散在大量灰白色球虫结节。(范国雄)

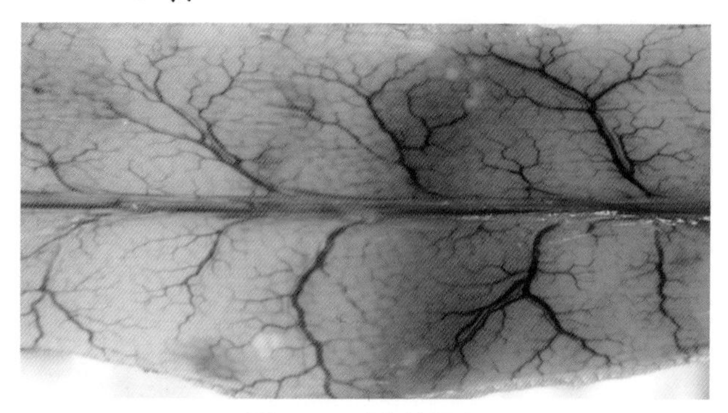

图29-7 球虫性肠炎

盲肠壁有少量球虫结节。（任克良）

【诊断要点】①温暖潮湿环境易发；②断奶至3月龄幼兔易感染发病，病死率高；③主要表现腹泻、消瘦、贫血等症状；④肝、肠特征的结节状病变；⑤检查粪便卵囊，或用肠黏膜、肝结节内容物及胆汁做涂片，检查卵囊、裂殖体与裂殖子等。

【防治措施】①实行笼养，大小兔分笼饲养，定期消毒，保持室内通风干燥。②兔粪尿要堆积发酵，以杀灭粪中卵囊。病死兔要深埋或焚烧。兔青饲料地严禁用兔粪作肥料。③定期对成年兔进行药物预防。④17～90日龄兔饲料或饮水中添加抗球虫药物。氯苯胍，按0.015%混饲；托曲珠利（甲基三嗪酮），按0.0015%饮水，连用21天。地克珠利（氯嗪苯乙氰），饲料和饮水中按0.000 1%添加。

发生本病可按以上药物加倍剂量用药，其中托曲珠利治疗剂量为0.002 5%饮水，连喂2天，间隔5天，再用2天。

【诊疗注意事项】注意球虫引起的肝结节与豆状囊尾蚴、肝毛细线虫等引起的肝病变鉴别。目前本病呈现一年四季发生的特点。预防用药物要注意轮换使用或交替使用，以防产生抗药性。

三十、弓形虫病

弓形虫病是由龚地弓形虫引起人兽共患的一种原虫病，呈世界性分布，家兔也可被感染。

【病原】龚地弓形虫，寄生于细胞内，按其发育阶段有5种形态：滋养体、包囊、裂殖体、配子体和卵囊。滋养体和包囊位于中间宿主（人、家畜、鼠等）体内，其他形态只存在于终末宿主（猫）体内。家兔吃了被含有弓形虫卵囊的猫粪污染的饲料而发病。

【典型症状与病变】急性病例主要见于仔兔，表现突然不吃，体温升高，呼吸加快，眼鼻有浆液性或黏脓性分泌物（图30-1），嗜睡，后期有惊厥、后肢麻痹等症状，在发病后2 ～ 9天死亡。慢性病例多见于老龄兔，病程较长，食欲不振，消瘦，后躯麻痹（图30-2）。有的会突然死亡，但多数可以康复。剖检见坏死性淋巴结炎、肺炎、肝炎、脾炎、心肌炎和肠炎等变化（图30-3、图30-4），腹腔内有多量渗出液（图30-5）。慢性病变不大明显，但组织上可见非化脓性脑炎和巨噬细胞中的虫体（图30-6）。

图30-1　眼、鼻有黏脓性分泌物
（陈怀涛）

图30-2　后肢麻痹
病兔嗜睡，后肢麻痹。（陈怀涛）

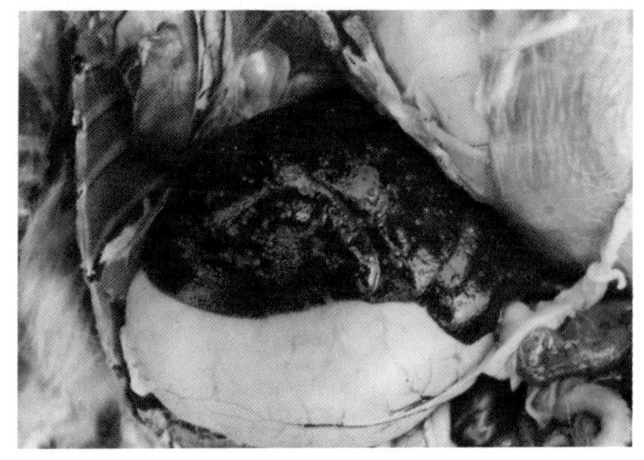

图 30-3　肝坏死灶

肝脏散布大量坏死灶。(陈怀涛)

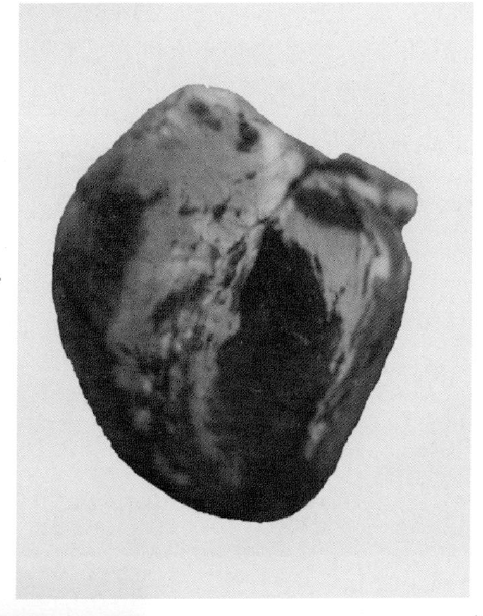

图 30-4　心脏坏死灶

心肌散在点状或条状黄白色坏死灶。(陈怀涛)

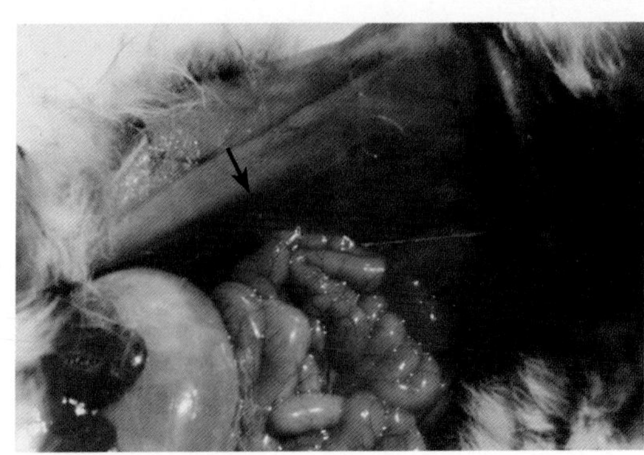

图 30-5　腹腔积液

腹腔积聚大量淡黄色液体（↑）。(陈怀涛)

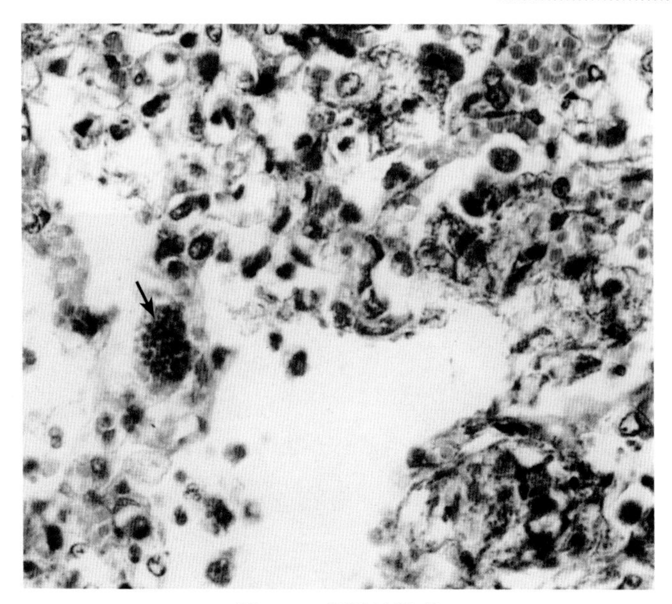

图30-6　间质性肺炎

肺炎间隔增宽，细胞成分增多，肺泡腔中见多少不一的炎症细胞和脱落的上皮细胞，有的巨噬细胞中含有大量的弓形虫（↑）。（陈怀涛）

【诊断要点】①兔场及其附近有养猫史；②多脏器特征的坏死病变；③间质性肺炎与非化脓性脑炎，有的巨噬细胞中可发现虫体。发现虫体即可确诊。

【防治措施】兔场禁止养猫并严防外界猫进入兔场。注意不使兔饲料、饮水被猫粪便污染。留种时需经弓形虫检查，确为阴性者方可留用。

磺胺类药物对本病有较好的疗效。磺胺嘧啶，按每千克体重70毫克，联合乙胺嘧啶，按每千克体重2毫克，首次量加倍，每天2次内服，连用3 ～ 5天。

【诊疗注意事项】病理检查在本病诊断上起重要作用，而症状仅作为参考。注意与内脏有坏死或结节病变的疾病（野兔热、李氏杆菌病、泰泽氏病、结核病、伪结核病、沙门氏菌病等）鉴别。治疗应在发病初期及时用药。注意饲养管理人员个人防护。

三十一、脑炎原虫病

兔脑炎原虫病是由兔脑炎原虫引起，一般为慢性、隐性感染，常无症状，有时见脑炎和肾炎症状，发病率15%～76%。

【病原】兔脑炎原虫的成熟孢子呈杆状，两端钝圆，或呈卵圆形（图31-1）。

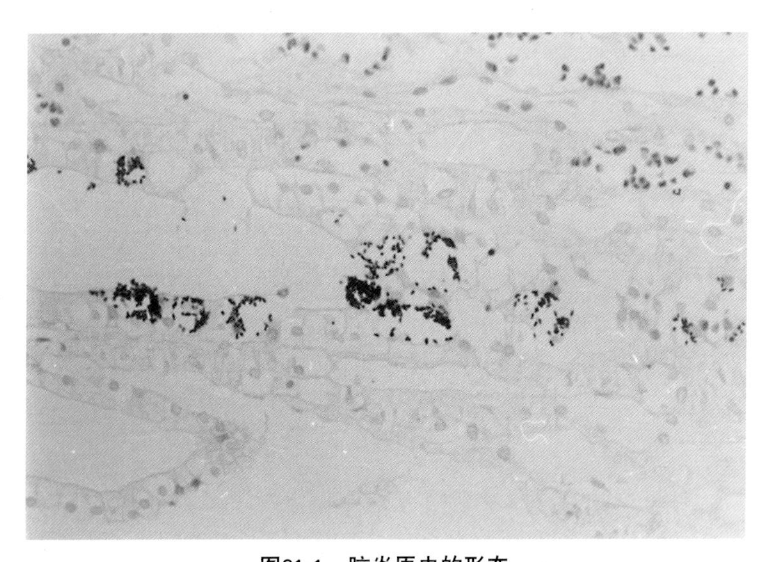

图31-1　脑炎原虫的形态

肾小管上皮细胞中的脑炎原虫（蓝色）。革兰氏染色 ×100（潘耀谦）

【典型症状与病变】兔通常呈慢性或隐性感染，常无症状，有时可发病，秋冬季节多发，各年龄兔均可感染发病，见脑炎和肾炎症状，如惊厥、颤抖、斜颈（图31-2）、麻痹、昏迷、平衡失调（图31-3）、蛋白尿及腹泻等。剖检见肾表面有白色小点或大小不等的凹陷状病灶（图31-4），病变严重时肾表面呈颗粒状或高低不平。

【诊断要点】主要根据肾脏的眼观变化及肾、脑的组织变化做诊断。肾、脑可见淋巴细胞与浆细胞肉芽肿，肾小管上皮细胞和脑肉芽肿中心可见脑炎原虫。也可见到淋巴细胞性心肌炎及肠系膜淋巴结炎。

图31-2 脑炎症状

颈歪斜。(任克良)

图31-3 运动障碍

站立不稳，转圈运动。(潘耀谦)

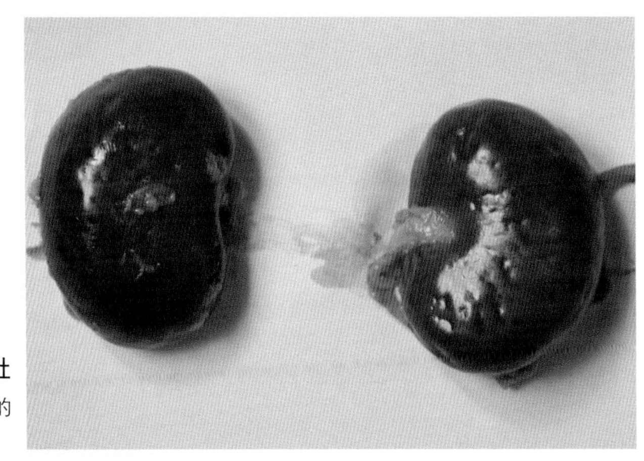

图31-4 肾凹陷病灶

肾表面有大小不一的凹陷病灶。(任克良)

【防治措施】目前尚无特效治疗药物。最近报道，芬苯达唑按每天每千克体重20毫无，饲喂4周，效果良好。淘汰病兔，加强防疫和改善卫生条件有利于本病的预防。

【诊疗注意事项】本病生前诊断很困难，因为神经症状和肾炎症状很难与本病联系在一起。注意与有斜颈症状的疾病（如李氏杆菌病、巴氏杆菌病等）鉴别。病原体的形态与弓形虫有一定相似，注意鉴别，但革兰氏染色脑炎原虫呈阳性，弓形虫呈阴性；苏木精-伊红染色时，脑炎原虫不易着色，而弓形虫则可着色。

三十二、住肉孢子虫病

住肉孢子虫病是由兔住肉孢子虫引起的在肌肉中形成包囊为特征的疾病。

【病原】多发生于白尾灰兔。住肉孢子虫在宿主的肌肉中形成包囊。兔的住肉孢子虫，包囊长达5毫米，其内充满了滋养体。滋养体呈香蕉形，一端稍尖，大小通常为（12 ~ 18）毫米 ×（4 ~ 5）毫米，其生活史见图32-1。

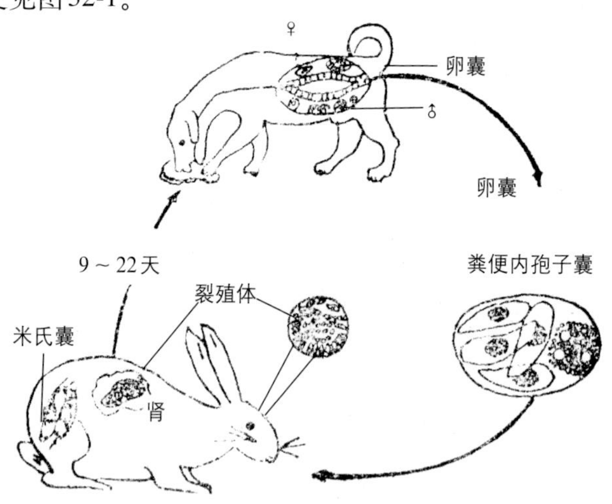

图32-1 兔住肉孢子虫的生活史（蒋金书，兔病学，1991）

【典型症状与病变】轻度或中度感染的兔不显症状，感染很严重的可能出现跛行。剖检病变见于心肌和骨骼肌，特别是后肢、侧腹和腰部肌肉。顺着肌纤维方向有多数白色条纹住肉孢子虫。显微镜观察，肌纤维中虫体呈完整的包囊状，周围组织一般不伴有炎性反应。

【诊断要点】通过剖检和组织学检查可对本病做出确诊。

【防治措施】本病的传播方式虽不够清楚，但应将家兔与白尾灰兔隔离饲养，可减少或避免本病的发生。目前尚无有效的治疗方法。

【诊疗注意事项】本病应重点做好预防工作。

三十三、豆状囊尾蚴病

豆状囊尾蚴病是由豆状带绦虫的中绦期幼虫——豆状囊尾蚴寄生于兔的肝脏、肠系膜和大网膜等所引起的疾病。

【病原】豆状带绦虫寄生于犬、狼、猫和狐狸等肉食兽的小肠内，成熟绦虫排出含卵节片，兔食入污染有节片或虫卵的饲料后，六钩蚴便从卵中钻出，进入肠壁血管，随血流到达肝脏。再钻出肝膜，进入腹腔，在肠系膜、大网膜等处发育为豆状囊尾蚴。豆状囊尾蚴虫体呈囊泡状，大小如豌豆，囊内含有透明液和一个头节（图33-1）。

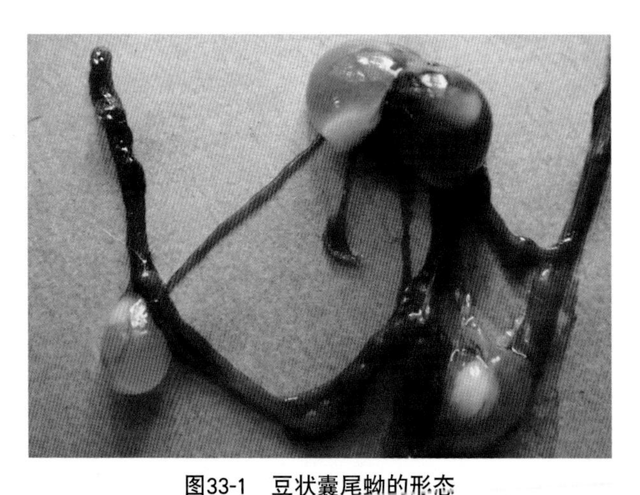

图33-1　豆状囊尾蚴的形态

豆状囊尾蚴呈小泡状，其中有一个白色小点状头节。（任克良、李燕萍）

【典型症状与病变】轻度感染一般无明显症状。大量感染时可导致肝炎和消化障碍等表现，如食欲减退，腹围增大，精神不振，嗜睡，逐渐消瘦，最后因体力衰竭而死亡。急性发作可引起突然死亡。剖检见囊尾蚴一般寄生在胃浆膜、肠系膜、大网膜、肝表面、膀胱、直肠浆膜等处，数量不等，状似小水泡或石榴籽（图33-2至图33-4）。有些肝实质中见弯曲的纤维化组织（图33-5、图33-6）。

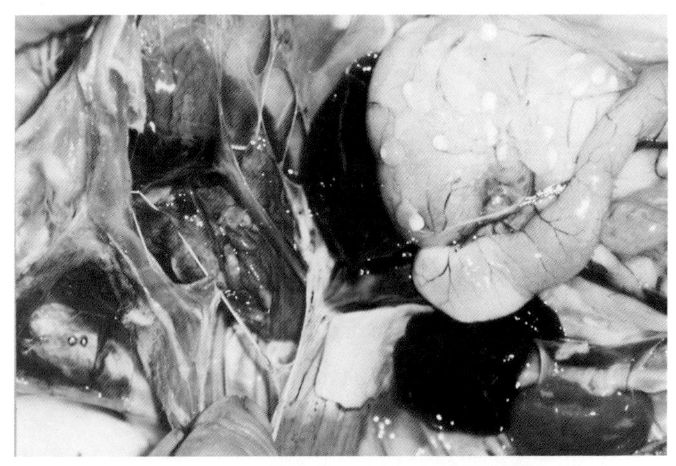

图33-2　胃浆膜面寄生的豆状囊尾蚴
（任克良）

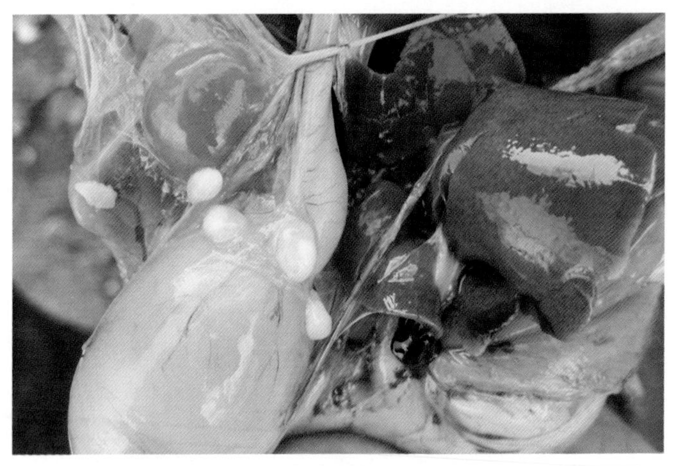

图33-3　膀胱上寄生的豆状囊尾蚴
（任克良）

图33-4　直肠浆膜上寄生的囊尾蚴
(任克良)

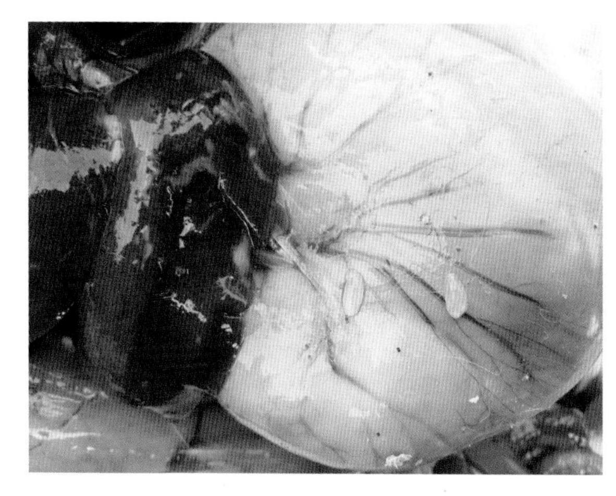

图33-5　肝　炎

六钩蚴在肝内移行所致的弯曲条纹状结缔组织增生(慢性肝炎)。(任克良)

图33-6　肝　炎

肝大面积结缔组织增生。(任克良)

【诊断要点】兔场饲养有犬的兔群多发；生前仅以症状难以做出诊断，可用间接血凝反应检测诊断。剖检发现豆状囊尾蚴即可做出确诊。

【防治措施】兔场内禁止饲养犬、猫，或对犬、猫定期进行驱虫。驱虫药物可用吡喹酮，根据说明用药。治疗：可用吡喹酮，按每千克体重10～35毫克，口服，每天1次，连用5天。带虫的病兔尸体勿被犬、猫食入。

【诊疗注意事项】凡养犬的兔场，本病发生率较高。兔群一旦检出一个病例，应考虑全群预防和治疗；同时，对养殖场犬进行治疗。

三十四、肝片吸虫病

肝片吸虫病是由肝片吸虫寄生于肝脏胆管和胆囊内引起的一种家兔寄生虫病。其特征为肝炎导致的营养障碍和消瘦。

【病原】肝片吸虫，虫体扁平，呈柳叶状，长20～30毫米，宽5～13毫米。新鲜时呈棕红色（图34-1）。中间宿主为锥实螺。

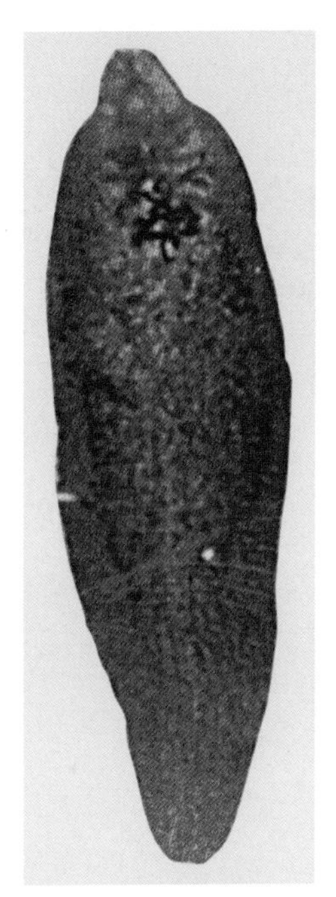

图34-1　肝片吸虫的大体形态

（柴家前，兔病快速诊断防治彩色图册，1998）

【典型症状与病变】主要表现精神委顿，食欲不振，消瘦，衰弱，贫血和黄疸等。疾病严重时眼睑、颌下、胸腹部皮下水肿。剖检见肝脏胆管明显增粗，呈灰白色索状或结节状，突出于肝表面（图34-2）。胆管内常有虫体及糊状物，胆囊也可有虫体寄生。

【诊断要点】①多发生在以饲喂青饲料为主的兔群中（青饲料多采集于低洼和沼泽地带，易受幼虫感染），呈地方性流行特点。②肝脏特征变化（增生性胆管炎）。③粪便检查虫卵。

【防治措施】注意饲草和饮水卫生，不喂沟、塘及河边的草和水。对病兔及带虫兔

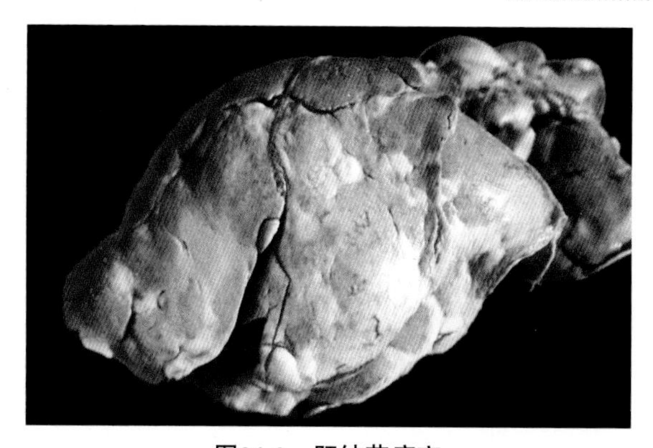

图34-2　肝结节病变

肝表面有灰白色结节和条索，其切面见胆管壁增厚。（甘肃农业大学兽医病理室）

进行驱虫。驱虫的粪便应集中处理，以消灭虫卵。消灭中间宿主锥实螺。

治疗可选用如下药物：①硝氯酚，按每千克体重3～5毫克，一次内服，3天后再服一次。②10%双酰胺氧醚混悬液，每次每千克体重100毫克口服。③丙硫苯咪唑（抗蠕敏），每千克体重3～5毫克，拌入饲料中喂给。④肝蛭净，每千克体重每次10～12毫克，口服。

【诊疗注意事项】流行特点仅作诊断参考，确诊应依据粪便虫卵检查和肝病检查的结果。注意与肝球虫病鉴别。用药7天内不得屠宰供人食用。

三十五、血吸虫病

血吸虫病是由日本分体吸虫引起的一种严重危害人、畜的寄生虫病。广泛流行于长江流域和南方地区。但家兔圈养或笼养，故较少发生。

【病原】病原体是日本分体吸虫（图35-1）。呈细线状，寄生于门静脉系统的小血管内；虫卵寄生于肝和肠。中间宿主为湖北钉螺。

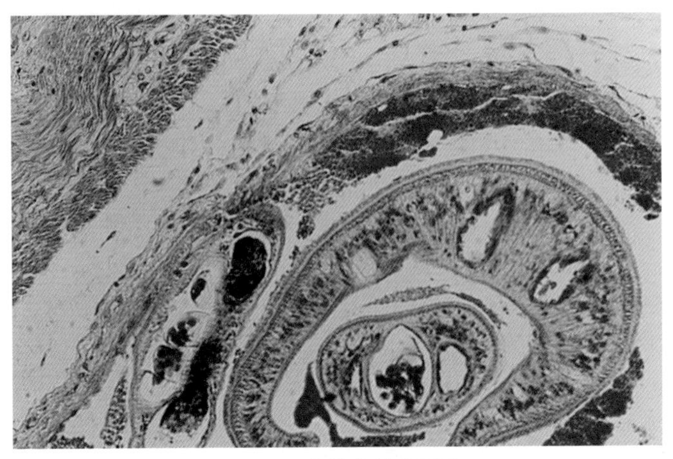

图35-1 血管中的血吸虫

在肠系膜的血管中有雌性合抱血吸虫成虫寄生，并见少量血栓，但血管周围无炎症反应。HE×200（甘肃农业大学兽医病理室）

【典型症状与病变】少量感染无明显症状。大量感染表现腹泻、便血、消瘦、贫血，严重时出现腹水过多，最后死亡。病理检查时见肝和肠壁有灰白色或灰黄色结节。慢性病例表现肝硬化，体积缩小，硬度增加，用刀不易切开（图35-2）。在门静脉和肠系膜静脉可找到成虫。

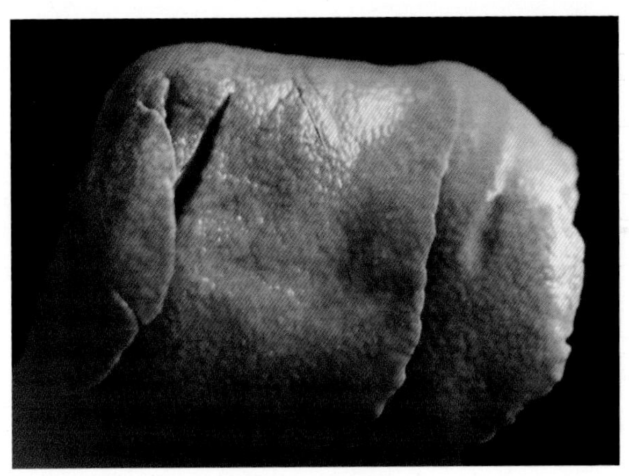

图35-2 肝硬化

肝质地硬实，表面高低不平，呈颗粒状。（甘肃农业大学兽医病理室）

【诊断要点】流行于南方各省；粪便中虫卵检查；肝、肠典型病变。

【防治措施】采取综合防治措施，注意饮水卫生，不喂被血吸虫尾蚴污染的水草，搞好粪便管理。

发现病兔及早治疗。治疗药物如六氯对二甲苯（血防846）、硝硫氰胺、吡喹酮等，可按说明使用于家兔。

【诊疗注意事项】本病的确诊要依靠粪便虫卵检查和病变组织检查。也可采用血清学试验如间接血凝试验。注意与有肝、肠结节病变的疾病鉴别。

三十六、蛲虫病

兔蛲虫病是由栓尾线虫寄生于兔的盲肠和结肠所引起的一种感染率较高的寄生虫病。

【病原】栓尾线虫呈白线头样，大小为（4.1～6.6）毫米×（330～500）微米。成虫寄生在盲肠和结肠。

【典型症状与病变】少量感染时，一般不表现症状。严重感染时，表现心神不定，当肛门有蛲虫活动或雌虫在肛门产卵时，病兔表现不安，肛门发痒，用嘴啃肛门处，采食，休息受影响，食欲下降，精神沉郁，被毛粗乱，逐渐消瘦，下痢，可发现粪便中有乳白色似线头样栓尾线虫（图36-1）。剖检见大肠内也有栓尾线虫（图36-2）。大量感染时，可见肾、肝色淡（图36-3和图36-4）。

图36-1 粪球上附着的栓尾线虫
（任克良）

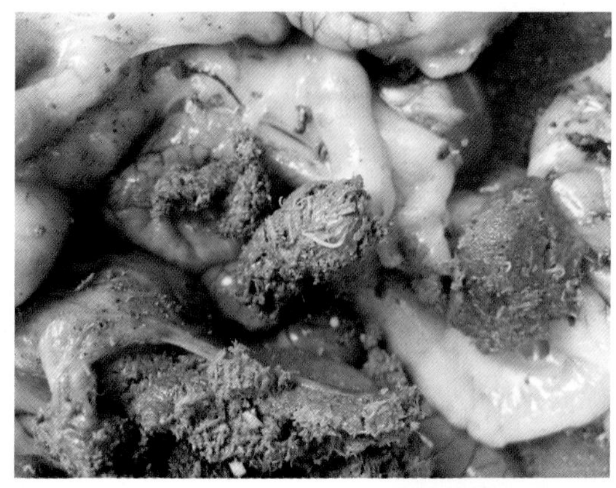

图 36-2　盲肠内容物中的栓尾线虫
（任克良）

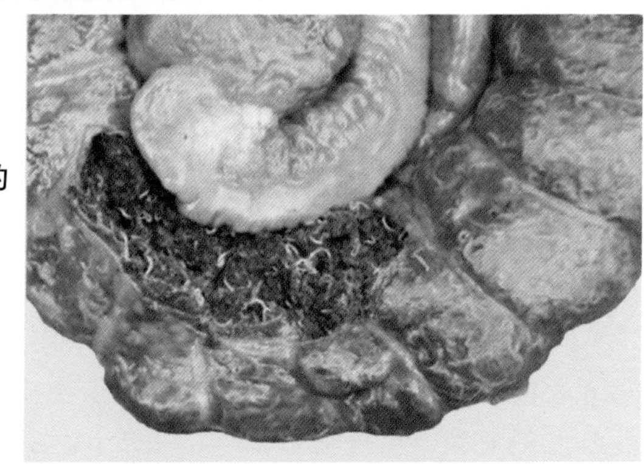

图 36-3　盲肠内寄生大量的蛲虫
（任克良）

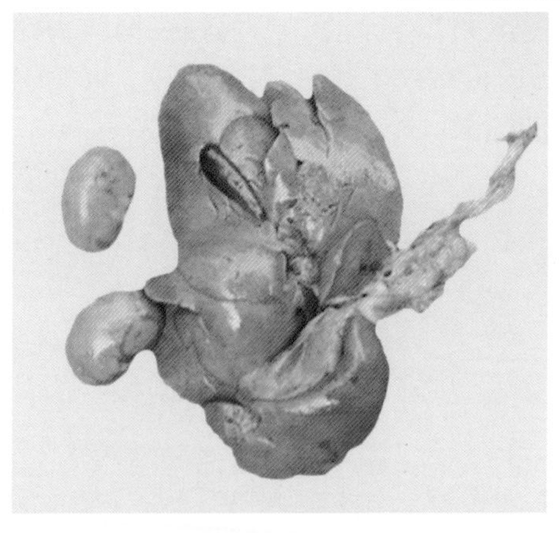

图 36-4　肝脏、肾脏呈土黄色
（任克良）

【诊断要点】獭兔多发。根据患兔常用嘴、舌啃舔肛门的症状可怀疑本病，在肛门处、粪便中或剖检时在大肠发现虫体即可确诊。

【防治措施】①加强兔舍、兔笼卫生管理，对食盒、饮水用具定期消毒，粪便堆积发酵处理。②引进的种兔隔离观察1个月，确认无病方可入群。③兔群每年进行2次定期驱虫。可用丙硫苯咪唑或伊维菌素。

治疗：①伊维菌素，有粉剂、胶囊和针剂，根据说明使用。②丙硫苯咪唑（抗蠕敏），每千克体重10毫克，口服，每天1次，连用2天。③左旋咪唑，每千克体重5～6毫克，口服，每天1次，连用2天。

【诊疗注意事项】本病容易诊断。虽然致死率极低，但对兔的休息和营养物质利用影响较大，故应引起重视。

三十七、肝毛细线虫病

肝毛细线虫病是由肝毛细线虫寄生于兔的肝脏所引起的以肝硬化和中毒现象为主要症状的疾病。

【病原】肝毛细线虫属毛线科、毛线属。虫体非常纤细，白色。虫卵椭圆形，两端具有栓塞物，大小为（63～68）μm×（30～33）μm。成熟的雌、雄虫在宿主肝脏内产卵，虫卵一般无法离开肝组织，仅有少数的虫卵可通过损伤的胆管随胆汁进入肠中，随粪便排出。含有虫卵的肝脏被另一动物吞食后，肝脏被消化，虫卵随粪排出。或者宿主尸体腐烂后，虫卵自肝脏散出。虫卵污染饲料和饮水，被兔等动物吞食，卵壳在肠内被消化，幼虫钻入肠壁，随血流入肝，发育为成虫。

【典型症状与病变】病兔生前无明显的症状，仅表现消瘦，食欲降低，精神沉郁。剖检见肝肿大或发生肝硬变，肝表面和实质中有纤维性结缔组织增生，肝脏有黄色条纹状或斑点状结节，有的为绳索状（图37-1）。结节周围肝组织可出现坏死灶。

【诊断要点】本病无明显的临床表现，同时因多数虫卵滞留于肝脏不能随粪便排出，生前诊断十分困难。诊断必须依靠尸体剖检，在肝脏中发现虫体或虫卵作出确诊。

【防治措施】由于病鼠相互残食或肉食兽吞食患病动物肝脏后虫卵随粪便排出，以及病尸（尤其是鼠类）腐烂分解、虫卵散布等可导致兔感染发病，因此，兔舍要做好灭鼠工作，并防止犬、猫等动物粪便污染兔舍、饲料、饮水和用具。病兔的肝脏不宜喂给其他动物。

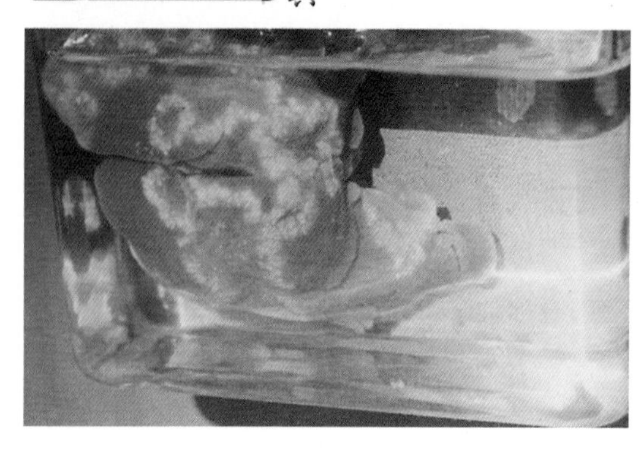

图37-1　肝脏有黄色条纹状或斑点状结节

（柴家前，兔病快速诊断防治彩色图册，1998）

治疗：甲苯咪唑，每千克体重100 ～ 200毫克，口服，每天1次，连用4天；丙硫苯咪唑，每千克体重15 ～ 20毫克，口服。

【诊疗注意事项】注意与球虫病、豆状囊尾蚴等造成的肝损伤疾病相鉴别。

三十八、螨病

兔螨病又称疥癣病，是由多种痒螨和疥螨寄生于体表而引起的一种高度接触性慢性外寄生虫病，其特征为病兔剧痒、结痂性皮炎与脱毛。

【病原】痒螨（图38-1）和疥螨（图38-2）的外形、大小与结构有所不同。

【典型症状与病变】痒螨病：由痒螨引起。病兔频频甩头，耳根、

图38-1　痒螨的形态

（甘肃农业大学家畜寄生虫室）

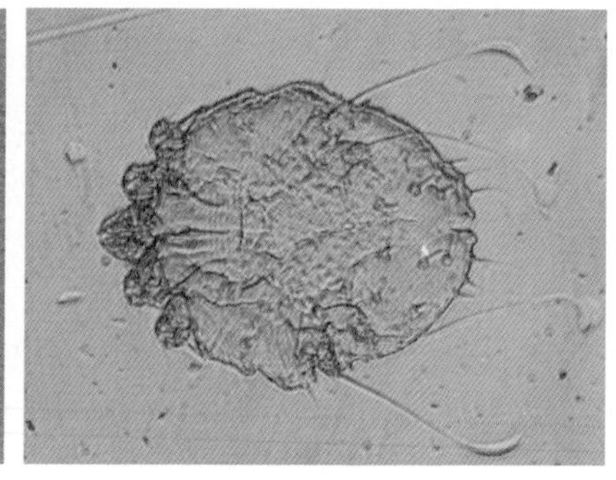

图38-2　疥螨的形态

（甘肃农业大学家畜寄生虫室）

外耳道内有黄色痂皮和分泌物（图38-3），病变蔓延至中耳、内耳甚至脑膜时，可导致斜颈、转圈运动、癫痫症状（图38-4）。

疥螨病：由兔疥螨和兔背肛疥螨等引起。一般先在头部和掌部无毛或短毛部位，如脚掌面、脚爪部、耳边缘、鼻尖、口唇、眼圈等，

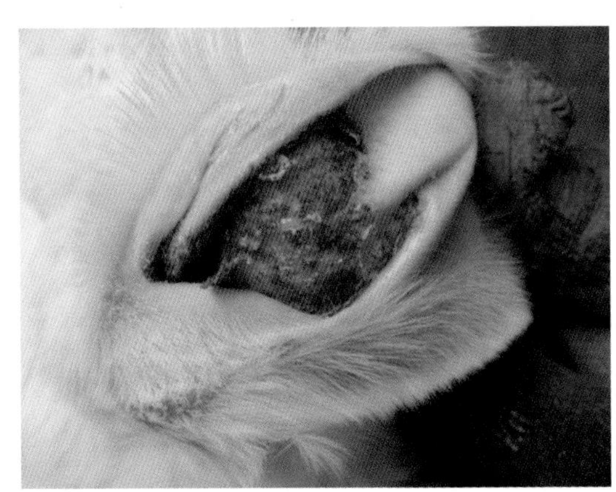

图38-3 耳郭内皮肤粗糙、结痂，有较多干燥分泌物
（任克良）

图38-4 痒螨引起的斜颈
（任克良）

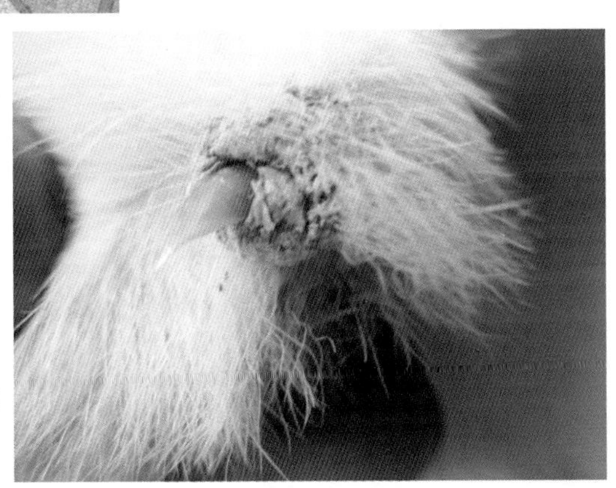

图38-5 脚爪部皮肤有较厚痂皮
（任克良）

引起白色痂皮，然后蔓延到其他部位甚至全身，兔有痒感，频频用嘴啃咬患部。病变部发炎、脱毛、结痂、皮肤增厚和龟裂（图38-5至图38-8）。兔采食量下降，最终消瘦、贫血、死亡。

图38-6 外耳道有干燥分泌物；耳边缘皮肤增厚、结痂，鼻端结痂突起
（任克良）

图38-7 嘴唇皮肤结痂、龟裂
（任克良）

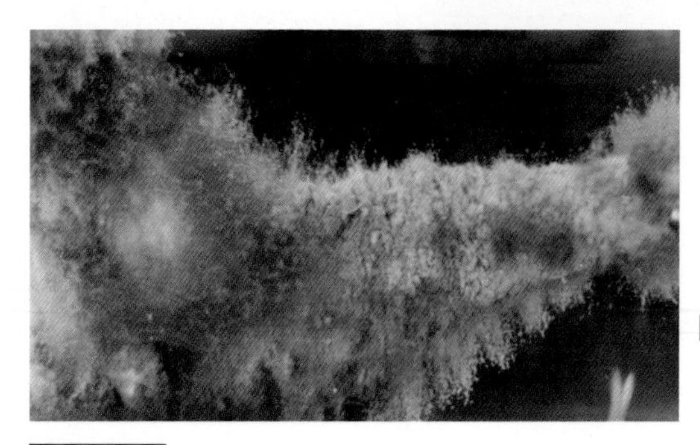

图38-8 肢体皮肤脱毛、增厚、粗糙不平
（陈怀涛）

【诊断要点】①秋、冬季节多发；②皮肤结痂、脱毛等特征病变，病变部有痒感；③在病部与健部皮肤交界处刮取痂皮检查，或用组织学方法检查病部皮肤，发现螨虫（图38-9），即可确诊。

图38-9　增生性皮炎

病变皮肤明显增生、角化，上皮层中可见螨虫寄生。（陈怀涛）

【防治措施】兔舍、兔笼定期火焰消毒或用2%敌百虫水溶液进行消毒。发现病兔，应及时隔离治疗，种兔停止配种。

治疗：①伊维菌素是目前预防和治疗本病的最有效的药物，有粉剂、胶囊和针剂，根据说明使用。②螨净（成分为2-异丙基-6甲基-4嘧啶基硫代磷酸盐），按1 ： 500比例稀释，涂擦患部。

【诊疗注意事项】注意与湿疹及毛癣菌病鉴别。治疗时注意：①治疗后，隔7～10天再重复一个疗程，直至治愈为止。②治疗与消毒兔笼同时进行。③家兔不耐药浴，不能将整只兔浸泡于药液中，仅可依次分部位治疗。

三十九、兔虱病

兔虱病是由各种兔虱寄生于兔的体表所引起的一种外寄生虫病。

其特征为皮肤瘙痒和皮炎。

【病原】根据口器结构和采食方式，兔虱可分为血虱和毛虱。寄生于家兔的虱一般为兔血虱，成虱长1.2 ~ 1.5 毫米，靠吸兔血维持生命（图39-1）。成熟的雌虫产出的卵，附着于兔毛根部，经数天孵出幼虫。在适宜的条件下，幼虫在2 ~ 3周内经3次蜕皮发育为性成熟的成虫。雌虫与雄虫交配后1 ~ 2天开始产卵，可持续约40天。

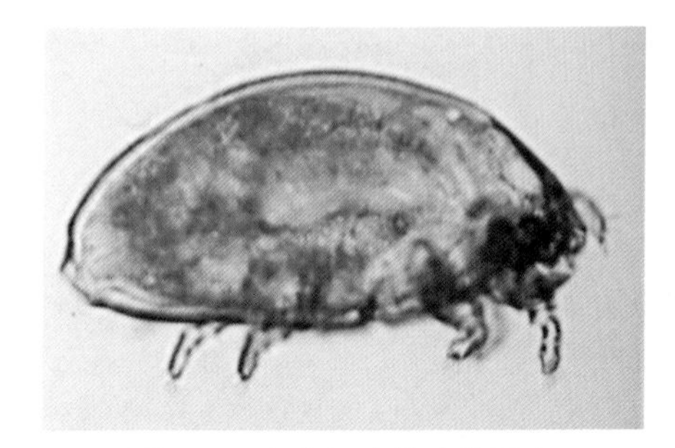

图39-1　兔血虱虫体大体形态

【典型症状与病变】兔血虱在吸血时能分泌有毒素的唾液，刺激兔神经末梢发生痒感，引起病兔不安，影响采食和休息。有时在皮肤内出现小结节、小出血点甚至坏死灶。病兔啃咬或摩擦痒部可造成皮肤损伤，如继发细菌感染，则引起化脓性皮炎。患兔消瘦，幼兔发育不良，毛皮质量下降。

【诊断要点】家兔啃咬或摩擦痒部，用手拨开患兔被毛，可看到黑色虱，并在局部可发现淡黄色的虫卵。欲知虱种类，需做虫体鉴别诊断。

【防治措施】防止将虱病病兔引入健康兔场。对兔群定期检查，发现病兔立即隔离治疗。兔舍要经常保持清洁、干燥、阳光充足，并定期消毒和驱虫，驱虫可用伊维菌素，剂量按说明使用。

治疗：①精制敌百虫1份与50份滑石粉均匀混合，用双层纱布包好，逆毛进行涂擦。②伊维菌素针剂、粉剂，按说明使用。

【诊疗注意事项】治疗时要求间隔8 ~ 10天重复施治一次，直至治好。

四十、兔蚤病

兔蚤病是由蚤引起家兔以瘙痒不安、皮肤发红和肿胀为特征的一种体外寄生虫病。

【病原】引起家兔兔病的主要为猫栉首蚤。蚤体左右扁平，覆盖着小刺，没有翅膀。体长1 ~ 9mm，雄虫比雌虫小。腿部高度发达，能适应跳跃然；口器为刺吸式，以吸食兔的血液为生。在兔体表或其巢穴内均可找到各发育阶段的虫体（图40-1）。

【典型症状】寄生在兔皮肤上的蚤可导致兔瘙痒不安、啃咬患部，导致部分脱毛、发红和肿胀等症状（40-2）。严重时可造成皮肤损伤，继发细菌感染。

图40-1　猫栉首蚤形态
（江斌等提供）

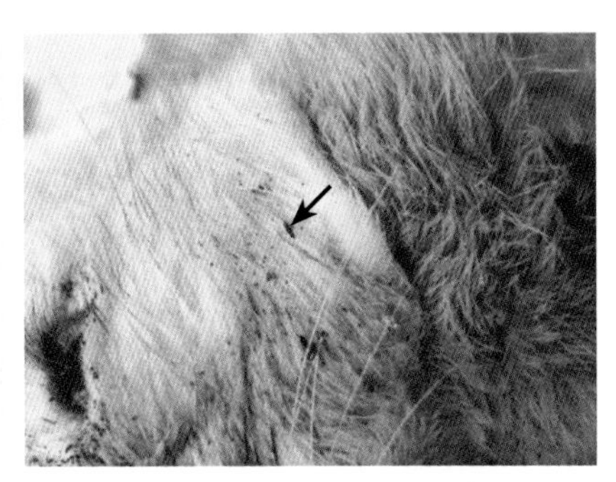

图40-2　猫栉首蚤寄生在兔皮肤上
（江斌等提供）

【诊断要点】在兔体表找到蚤即可确诊。

【防治措施】防止野兔进入家兔饲养场是控制本病的关键。治疗可使用杀虫剂如有机磷杀虫剂等。除杀死兔体表蚤外，还应注意杀虫兔舍缝隙、洞穴或其他环境中的幼虫和卵。

四十一、维生素A缺乏症

维生素A缺乏症是家兔维生素A长期摄入不足或吸收障碍所引起的一种慢性代谢病，其特征为生长迟缓、角膜浑浊与繁殖功能障碍等。

【病因】日粮中缺乏青绿饲料、胡萝卜素或维牛素A添加剂，饲料贮存方法不当如暴晒、氧化等，破坏饲料中维生素A前体。患肠道病、肝球虫病等，影响维生素A的吸收转化和贮存。

【典型症状与病变】仔、幼兔生长发育缓慢。母兔繁殖率下降，不易受胎，受胎的易发生早期胎儿死亡和吸收、流产、死产或产出先天性畸形胎儿（如脑积水、瞎眼等）（图41-1至图41-3）。脑积水兔头颅较大，用手触摸柔软，剖检见脑内有大量的积水（图41-4）。长期缺乏可引起视觉障碍，如眼睛干燥，结膜发炎，角膜浑浊，严重者失明。有的出现转圈，惊厥，左右摇摆，四肢麻痹等症状（图41-5）。

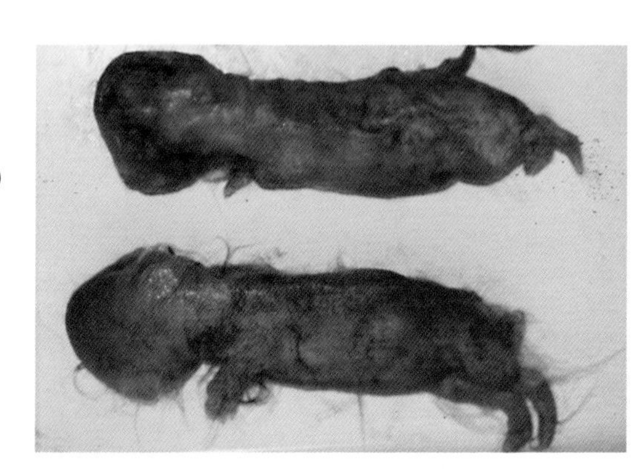

图41-1　脑积水

胎儿头颅膨大。（任克良）

图41-2　仔兔头颅积水膨大

（任克良）

图41-3　眼　疾

整窝仔兔出生后眼角膜浑浊，失明。（任克良）

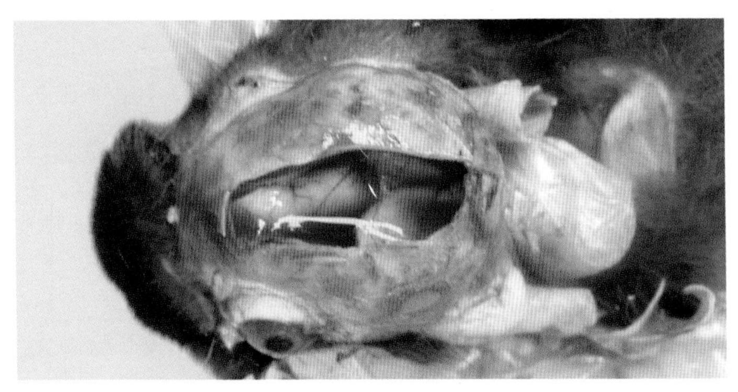

图41-4 颅腔积水，大脑萎缩
（任克良）

图41-5 头颅膨大，四肢麻痹
（任克良）

【诊断要点】①饲料中长期缺乏青饲料或维生素A含量不足。有发育迟缓、视力、运动、生殖等功能障碍症状。②测定血浆中维生素A的含量，低于每100毫升20微克为维生素A缺乏。

【防治措施】经常喂给青绿多汁饲料。兔日粮尤其是怀孕、泌乳母兔日粮中应添加适量维生素A添加剂。及时治疗兔球虫病和肠道疾病。

治疗：群体饲喂时每10千克饲料中添加鱼肝油2毫升。个别病例可内服或肌内注射鱼肝油制剂。

【诊疗注意事项】该病的症状在多种疾病都有可能出现，因此，诊断时在排除相关疾病后应和饲料营养成分联系起来进行分析。

四十二、硒和维生素E缺乏症

家兔硒和维生素E缺乏症是由硒或维生素E单独缺乏或共同缺乏所引起的营养缺乏病，其特征为幼兔生长迟缓、运动障碍、肌肉变性苍白；成年兔繁殖功能下降等。

【病因】饲料中维生素E含量不足；饲料中含过量不饱和脂肪酸（如猪油、豆油等），酸败产生过氧化物，促进维生素E的氧化。兔患肝球虫病时，维生素E贮存减少，而利用和破坏增加。

【典型症状与病变】患兔表现强直、进行性肌肉无力，不爱运动，喜卧地，全身紧张性降低（图42-1）。肌肉萎缩并引起运动障碍，步样不稳，平衡失调。食欲减退至废绝，体重逐渐减轻，全身衰竭，大小便失禁，直至死亡。幼兔表现生长发育停滞。母兔受胎率降低，发生流产或死胎；公兔睾丸损伤，精子产生减少。剖检可见骨骼肌、心肌颜色变淡或苍白，镜检呈透明样变性（图42-2）、坏死，也见钙化现象，尤以骨骼肌变化明显。

【诊断要点】根据运动障碍、生殖功能下降和肌肉特征病变可怀疑本病，也可进行治疗性诊断。但综合性诊断较为全面、准确。

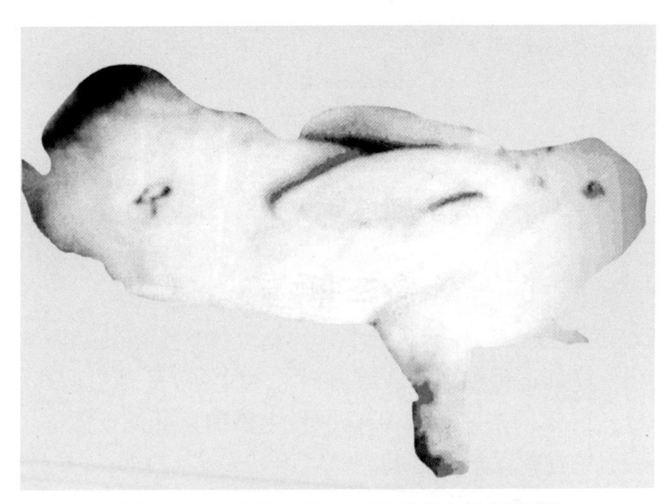

图42-1 病兔肌肉无力，两前肢向外侧伸展
（王云峰等，家兔常见病诊断图谱，1999）

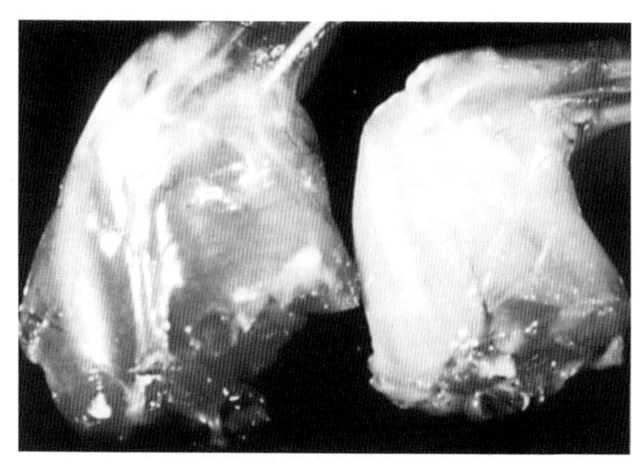

图42-2　横纹肌透明变性、苍白
（程相朝等，兔病类症鉴别诊断彩色图谱，2009）

【防治措施】经常喂给兔青绿多汁饲料，如大麦芽、苜蓿等，或补充维生素E添加剂。避免饲喂含不饱和脂肪酸的酸败饲料。及时治疗兔肝脏疾病，如兔肝球虫病等。

治疗：①日粮中添加维生素E，每千克体重每天0.32 ~ 1.4毫升。②肌内注射维生素E制剂，每次1 000国际单位，每天2次，连用2 ~ 3天。③病兔肌内注射0.1%亚硒酸钠溶液，幼兔0.2 ~ 0.3毫升，成兔0.5 ~ 1.0毫升，或按每千克体重0.1毫克计算用量。病情较重时，1周重复注射1次。

【诊疗注意事项】本病应进行综合诊断，如发生特点（幼兔多发、群发），饲料分析（维生素E缺乏），主要症状（运动障碍、心衰），以及病理变化（骨骼肌、心肌等变性坏死）。

四十三、佝偻病

佝偻病是幼兔维生素D缺乏、钙磷代谢障碍所致的营养代谢疾病，其特征为消化紊乱、骨骼变形与运动障碍。

【病因】饲料中钙、磷缺乏，钙磷比例不当或维生素D缺乏。

【典型症状与病变】精神不振，四肢向外侧斜，身体呈匍匐状，凹背，不愿走动（图43-1）。四肢弯曲，关节肿大（图43-2）。肋骨与肋软骨交界处出现“佝偻珠”(图43-3)。死亡率较低。血清检查时血清磷水平下降和碱性磷酸酶活性升高，而血清钙变化不明显，仅在疾病后期才有所下降。

图43-1　一般症状

不愿走动，喜卧，四肢向外斜，身体呈匍匐状，凹背。(任克良)

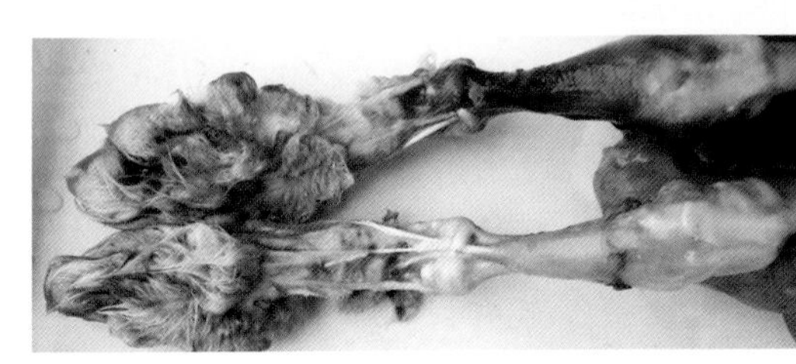

图43-2　关节肿大

(任克良)

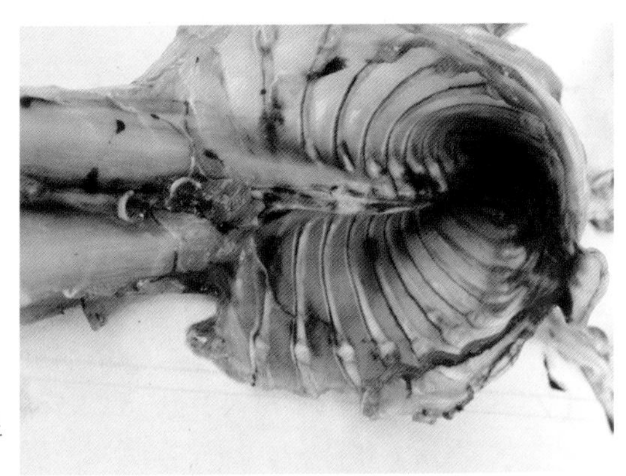

图43-3　“佝偻珠”

肋骨与肋软骨结合处肿大，呈串珠状。(任克良)

【诊断要点】①检测饲料中钙、磷；②特征症状和骨关节病变；③治疗性诊断，即补钙剂疗效明显。

【防治措施】经常性在饲料中添加足量钙磷添加剂（如骨粉或磷酸氢钙等）和维生素D，增加光照。

治疗：维生素D胶性钙，每只兔每次1 000 ～ 2 000单位，肌内注射，每天1次，连用5 ～ 7天。维生素AD注射液，每只兔每次0.3 ～ 0.5毫升，肌内注射，每天1次，连用3～5天。饲料中钙、磷含量分别应达0.22%～0.4%和0.22%。

【诊疗注意事项】幼兔饲料中钙磷比例一定要合适（1～2 ： 1），高于或低于此比例，尤其伴有轻度维生素D不足即可发生此病。

四十四、高钙症

兔高钙症是由于饲料中钙盐含量较高所引起的一种营养代谢病。

【病因】饲料中钙盐饲料含量较高。维生素D中毒也可引起。

【典型症状与病变】无明显的临诊症状。但可见兔尿液呈白色，笼地板或粪沟地面上有白色钙质析出（图44-1）。最新研究表明，高钙还可引起母兔死胎率增加。剖检可见肾脏中有颗粒状钙盐沉积（图44-2）。

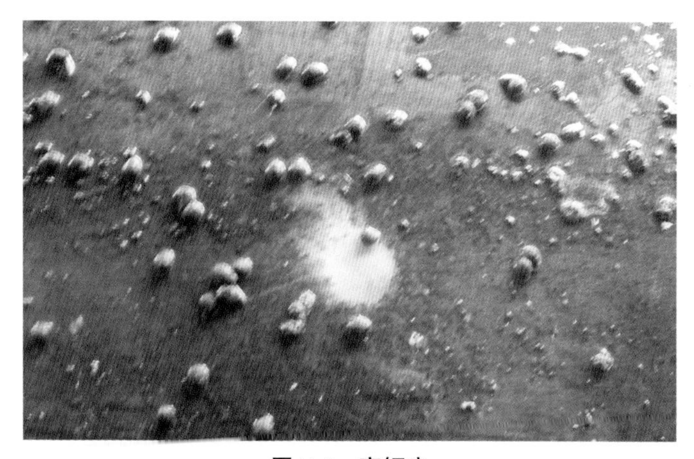

图44-1　高钙症

病兔排出白色尿液。（任克良）

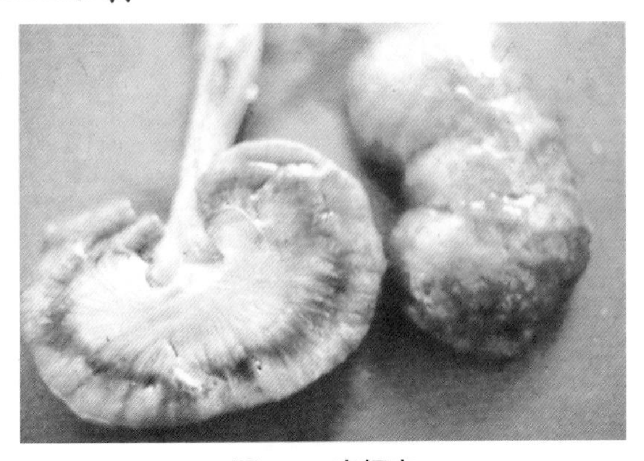

图44-2　高钙症

肾脏表面和切面可见结石样颗粒。(H.CH.Lŏllier)

【防治措施】饲料中钙的含量应维持在0.7%～1.2%。同时注意钙磷比例。

【诊疗注意事项】肾脏病变应和其他疾病的结节病变鉴别，如结核结节、小脓肿等。虽然家兔可以忍耐饲料中较高的钙水平，但过高会引起本病。

四十五、铜缺乏症

铜缺乏症是家兔体内铜含量不足所致一种慢性营养性疾病，其特征为贫血、脱毛、被毛褪色和骨骼异常。

【病因】饲料中含铜量不足或缺乏，易发生本病。饲料中的铜含量与饲料产地土壤中的铜含量多少密切相关。若长期饲用低铜土壤生产的饲料，易发生本病。饲料中钼、锌、铁、镉、铅等以及硫酸盐过多，也会影响铜的吸收而发病。

【典型症状与病变】病初食欲不振，体况下降，衰弱，贫血（低色素性、小细胞性贫血）。继而被毛褪色、无光泽、脱落（图45-1），并伴发皮肤病变。后期长管骨经常出现弯曲，关节肿大变形，起立困难，跛行。病情严重的可出现后躯麻痹。母兔发情异常，不孕，甚至流产。剖检见心肌有广泛性钙化和纤维化病变。

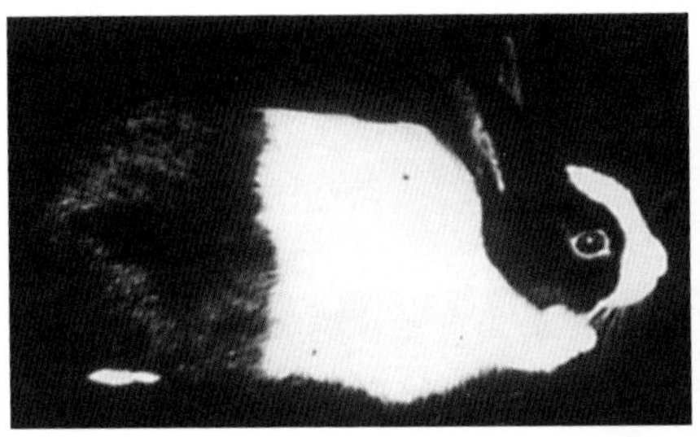
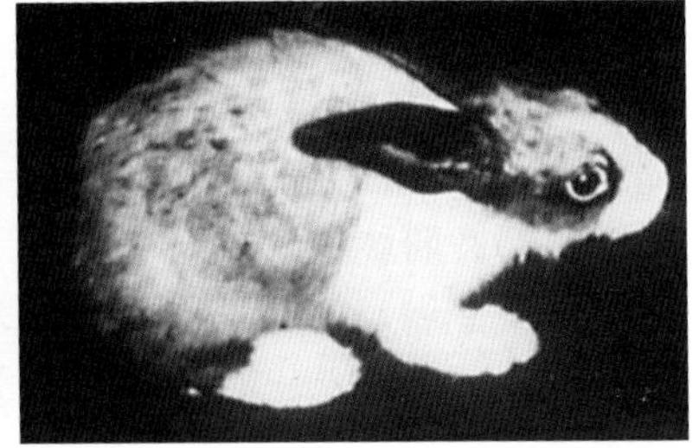

图45-1　病兔被毛无光泽、脱落

左图正常对照，右图为病兔。（程相朝等，兔病类症鉴别诊断彩色图谱，2009）

【诊断要点】①病史调查。饲料来源于贫铜地区，而且饲喂时间较长。②典型症状与病变。

【防治措施】一般每千克饲料中含铜6～10毫克，即能满足家兔的需要，每千克中含铜200毫克时能刺激幼龄兔的生长速度，防治腹泻的发生。

治疗：补铜是治疗本病的有效措施，可口服10%硫酸铜溶液2～5毫升，视病情每周1次或隔周重复1次。也可配成0.5%硫酸铜溶液使兔自由饮水。

四十六、食仔癖

食仔癖是母兔生产后吞食仔兔的一种恶癖。

【病因】本病病因比较复杂，一般认为主要与母兔营养代谢紊乱有关。如日粮营养不平衡；饲料中缺乏食盐、钙、磷、蛋白质或B族维生素等。母兔产前、产后得不到充足的饮水，口渴难忍。产仔时母兔受到惊扰，产仔箱、垫草或仔兔带有异味，或发生死胎时，死亡仔兔未及时取出等。一般初产母兔发生率较高。

【典型症状与病变】本病表现母兔吞食刚生下或产后数天的仔兔。有些将胎儿全部吃掉，仅发现笼底或产仔箱内有血迹，有些则食入部分肢体（图46-1）。

【诊断要点】初产母兔易发。有明显的食仔行为。

【防治措施】应供给母兔富含蛋白质、钙、磷和维生素的平衡日粮。产仔箱要事先消毒，垫草等勿带异味。产前、产后供给充足淡盐水。分娩时保证舍内安静。产仔后，检查产仔箱，发现死亡仔兔，立即清理掉。检查仔兔时，必须洗手后（不能涂擦香水等化妆品）或带上消毒手套进行。

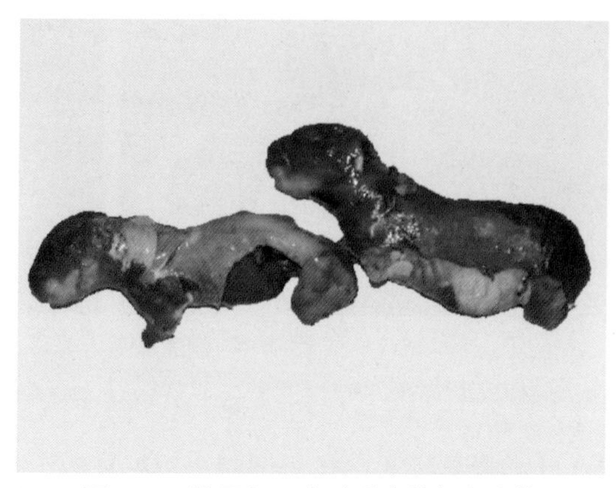

图46-1　被母兔吞食后剩余的仔兔残体
（任克良）

一旦发现母兔食仔症状时，迅速把产仔箱连同仔兔拿出，采取母仔分离饲养。

【诊疗注意事项】对于多胎次食仔的母兔进行淘汰处理。

四十七、食毛症

食毛症是兔因营养紊乱而发生的以嗜食被毛成癖为特征的营养缺乏症，其特征为病兔啃毛与体表缺毛。

【病因】①日粮营养不平衡，如缺乏钙、磷及维生素或含硫氨基酸时，兔相互啃咬被毛。②管理不当，如兔笼狭小、相互拥挤而吞食其他兔的被毛，未能及时清除掉在料盆、水盆中和垫草上的兔毛，被家兔误食。

【典型症状与病变】本病多发于1 ～ 3月龄的幼兔。常见于秋冬或冬春季节。主要症状为病兔头部或其他部位缺毛。自食、啃食他兔或相互啃食被毛现象（图47-1、图47-2）。食欲不振，好饮水，大便秘结，粪球中常混有兔毛。触诊时可感到胃内或肠内有块状物，胃膨大。由于家兔食入大量兔毛，在其胃内形成毛团，堵塞幽门或肠管，因此偶见腹痛症状，严重时可因消化道阻塞而致死。剖检见胃内容物混有毛或形成毛球，有时因毛球阻塞胃而导致肠内空虚现象，或毛球阻塞肠道而继发阻塞部前段肠臌气（图47-3至图47-5）。

图47-1　右侧兔正在啃食左侧兔的被毛，左侧兔体躯大片被毛已被啃食掉
（任克良）

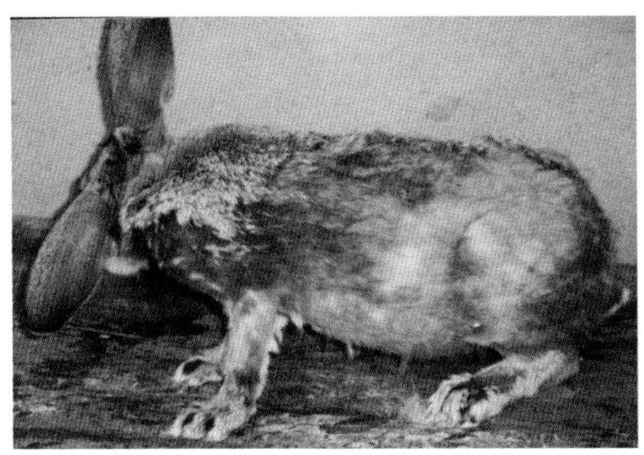

图47-2　除头、颈、耳难以啃到的部位外，身体大部分被毛均被自己吃掉
（任克良）

图47-3　胃内容物中混有大量兔毛
（任克良）

图47-4　从胃中取出的大块毛团
（任克良）

图47-5　毛球阻塞胃使肠道空虚
（任克良）

【诊断要点】①有明显食毛症状；②有皮肤少毛、无毛现象；③生前可见腹痛、臌气症状，剖检胃、肠可发现毛团或毛球；④饲料营养成分测定。

【防治措施】日粮营养要平衡，精粗料比例要适当。供给充足的蛋白质、无机盐和维生素。饲养密度要适当。及时清理掉在饮水盆和垫草上的兔毛。兔毛可用火焰喷灯焚烧。每周停喂一次粗饲料可以有效控制毛球的形成，也可在饲料中添加1.87% 氧化镁，防止食毛症的发生。

治疗：病情轻者，多喂青绿多汁饲料，多运动即可治愈。胃肠如有毛球可内服植物油，如豆油或蓖麻油，每次10 ~ 15毫升，然后让家兔运动，待进食时再喂给易消化的柔软饲料。同时用手按摩胃肠，排出毛球。食欲不好时，可喂给大黄苏打片等健胃药。对于胃肠毛球治疗无效者，应施以外科手术取出或淘汰病兔。

【诊疗注意事项】本病的诊断不很困难，但预防和治疗应重视多种营养成分的供给。

四十八、食足癖

食足癖是兔经常啃食自己的脚趾皮肉和骨骼的现象。

【病因】饲料营养不平衡，患寄生虫病，内分泌失调等。

【典型症状】家兔不断啃咬脚趾尤其是后脚趾，伤口经久不愈。严重的露出趾骨，有的感染化脓或坏死（图48-1至图48-2）。

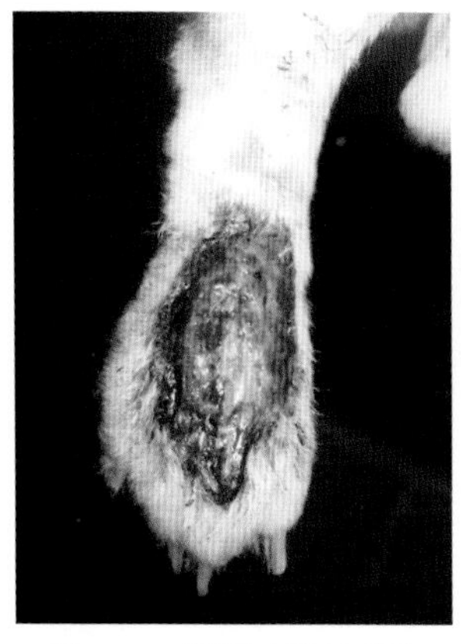

图48-1 脚趾皮肤被啃食（任克良）

图48-2 被啃咬的后脚趾，已露出趾骨，并有出血（任克良）

【诊断要点】青年兔、成年兔多发，獭兔易感。体内外寄生虫病、内分泌失调的兔易发。患兔不断啃咬脚趾，流血、化脓，长久不能愈合。

【防治措施】合理配制饲料，注意矿物质、维生素的添加。及时治疗体内外寄生虫。目前尚无有效治疗方法，可对症治疗。

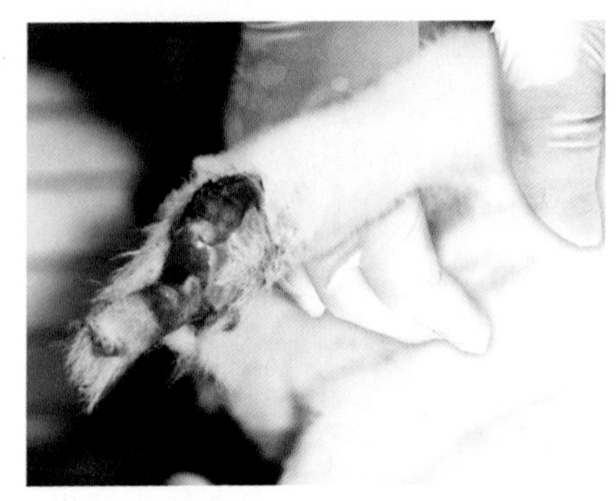

图48-3　趾部皮肉和骨骼被啃食，似骨折，局部化脓
（任克良）

【诊疗注意事项】发现此病时，除改善饲料配方外，对发病部位及时处理。

四十九、尿石症

尿石症即尿结石，是指尿路中形成硬如砂石状的盐类凝固物，刺激黏膜引起出血、炎症和尿路阻塞等病变的疾病。

【病因】饲喂高钙日粮，饮水不足，维生素A缺乏，日粮中精料比例过大，肾及尿路感染发炎等均可引起本病。

【典型症状与病变】病初无明显症状，随后精神萎靡，不思饮食或不吃颗粒料，仅采食青绿、多汁饲料，尿量很少或呈滴状淋漓，尾部经常性被尿液浸湿。排尿困难，拱背，粪便干、硬、小，有时排血尿，日渐消瘦，后期后肢麻痹、瘫痪。剖检见肾盂、膀胱与尿道内有大小不等、多少不一的淡黄色结石，局部黏膜出血、水肿或形成溃疡（图49-1至图49-3）。

【诊断要点】成年兔、老龄兔多发。患兔仅采食青绿、多汁饲料。有排尿困难等症状。按摸两侧肾脏，有石头样感觉。肾肿大或萎缩。尿路有结石及病变。

【防治措施】合理配制日粮，精料比例不宜过高，钙、磷比例适中，补充维生素A，保证充足的饮水。

治疗：①当结石较小时，每日口服氯化铵1 ~ 2毫升，连用3 ~ 5

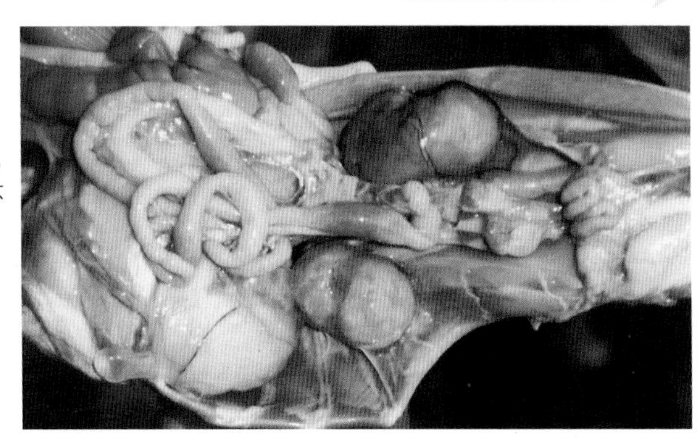

图49-1　肾变形

由于肾盂中有结石形成，故肾脏肿大，表面凹凸不平，颜色变淡。(任克良)

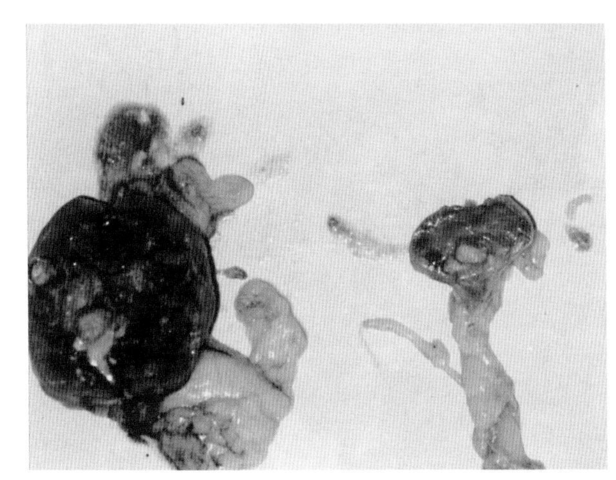

图49-2　肾盂结石

左肾肿大，出血。右肾萎缩，在肾切面见肾盂中有淡黄色大小不等的结石。(任克良)

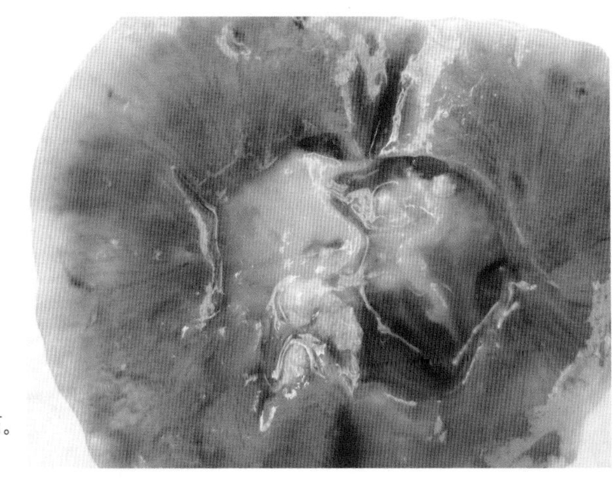

图49-3　尿石症

肾盂中大小不等的结石。(任克良)

天，停药3 ~ 5天后再按同法治疗5天。②对较大的肾结石、膀胱结石，应施手术治疗或淘汰病兔。

【诊疗注意事项】临诊症状是诊断本病的重要依据，但不能以此做确诊，必须仔细检查，排除其他泌尿系统疾病。

五十、硝酸盐和亚硝酸盐中毒

亚硝酸盐中毒是指植物中的硝酸盐在体内或体外形成亚硝酸盐，进入血液后使血红蛋白氧化为高铁血红蛋白而失去携氧能力，从而引起组织缺氧的一种中毒性疾病。其特征为黏膜发绀，呼吸困难，血液不凝，呈酱油色。

【病因】主要原因是家兔采食堆集发热的青饲料、蔬菜或饲料中硝酸盐含量过高而引起发病。

【典型症状与病变】急性：呼吸困难，口流白沫，磨牙，腹痛，可视黏膜发绀，迅速死亡。剖检见内脏器官颜色晦暗，血液呈酱油色，不凝固（图50-1）。慢性：生长缓慢，流产，不孕。

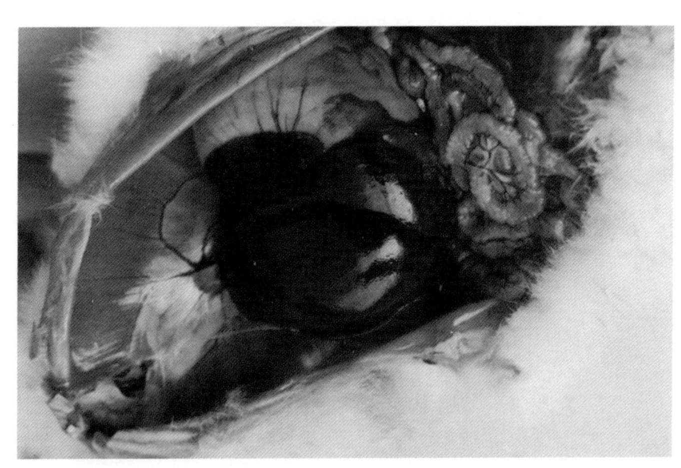

图50-1　内脏器官颜色晦暗，血液呈酱油色（陈怀涛）

【诊断要点】①有采食堆集发热的青饲料史；②发病、死亡迅速，呼吸困难，可视黏膜发绀；③血液不凝，呈酱油色，内脏器官颜色晦暗；④毒物检测。

【防治措施】蔬菜、青饲料要摊开，切勿堆积。防止硝酸盐与亚硝酸盐化合物混入饲料或被误食。

治疗：迅速用1%美蓝溶液（美篮1克溶于10毫升酒精中加生理盐水90毫升）按每千克体重0.1～0.2毫升静脉注射或用5%甲苯胺蓝溶液每千克体重0.5毫升静脉注射，同时用5%葡萄糖10～20毫升、维生素C 1～2毫升静脉注射，效果更好。

【诊疗注意事项】注意与其他中毒病、急性传染病鉴别。治疗越快越好，否则病兔则可死亡。

五十一、氢氰酸中毒

氢氰酸中毒是家兔采食富含氰苷的植物，在体内水解生成氢氰酸，其氰离子可使细胞色素氧化酶失活，生物氧化中断，组织细胞不能从血液中摄取氧，致使血氧饱和而组织细胞氧缺乏的一种中毒性疾病。本病的特征为呼吸困难，黏膜潮红，血液鲜红、凝固不良，胃内容物有苦杏仁气味。

【病因】采食了高粱、玉米、豆类、木薯的幼苗或再生苗，或桃、杏、李叶及其核仁。食入被氰化物污染饲料或饮水。

【典型症状与病变】发病急，病初家兔兴奋不安，流涎，呕吐，腹痛，胀气和腹泻等。随之行走摇摆，呼吸困难，结膜鲜红，瞳孔散大。最后心力衰竭，倒地抽搐而死。剖检见血液鲜红、凝固不良（图51-1）；尸僵不全，尸体鲜红，不易腐烂；胃内容物有苦杏仁气味；胃肠黏膜充血、出血，肺充血、水肿。

【诊断要点】①有摄入含氰苷植物或被氰化物污染的饲料或饮水史；②发病急，表现出明显中毒症状；③有特征性病理变化；④毒物检测。

【防治措施】防止家兔采食含氰化物的饲料，尤其是高粱、玉米的幼苗或收割后根上的再生苗及木薯等。发现病兔及时治疗。

治疗：①1%亚硝酸钠每千克体重1毫升静脉注射，然后再用5%硫代硫酸钠每千克体重3～5毫升静脉注射。②用1%美蓝溶液每千克

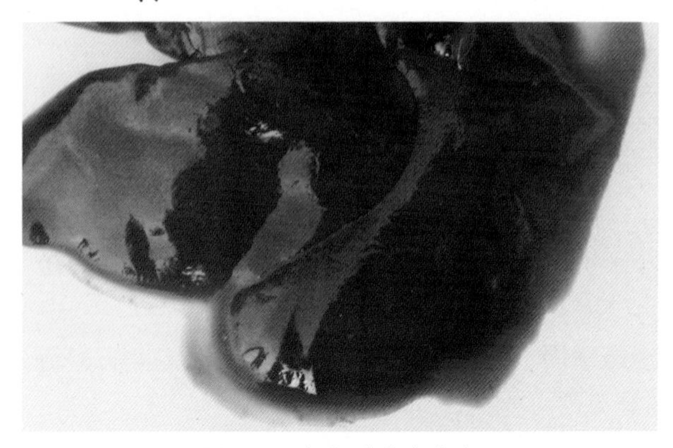

图51-1　氢氰酸中毒病变

血液颜色鲜红、稀薄、不易凝固，肝色较正常淡、呈淡黄红色。（陈怀涛）

体重1毫升，静脉注射后，再注射上述硫代硫酸钠。

【诊疗注意事项】注意与中暑、有机磷中毒、亚硝酸盐中毒鉴别。

五十二、有机磷农药中毒

有机磷农药中毒是由于有机化合物进入动物体内，抑制胆碱酯酶的活性，使乙酰胆碱大量增加，引起以流涎、腹泻和肌肉痉挛等为特征的中毒性疾病。

【病因】有机磷农药包括敌百虫、敌敌畏、乐果、对硫磷（1605）、内吸磷（1059）、甲拌磷（3911）和二嗪农等。家兔食入刚喷过这些农药的野草、青饲料，或用其治疗兔外寄生虫时用药不当，均可引起中毒。

【典型症状与病变】病兔拒食，大量流涎，吐白沫，流泪，磨牙，肌肉震颤，兴奋不安，呼吸急促，呼出气有大蒜味。有的抽搐，后肢麻痹，口腔黏膜和眼结膜呈紫色，瞳孔缩小，视力减退，腹泻（图52-1），排血便（有大蒜味），昏迷，倒地而死。急性病例时仅表现为流涎和拉稀即死亡。剖检见出血性胃肠炎（图52-2），浆液出血性肺炎和实质器官变性肿大等（图52-3）。

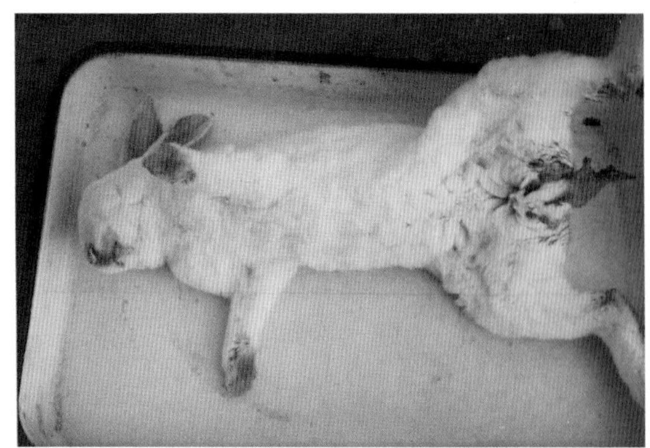

图52-1　水样腹泻
(任克良)

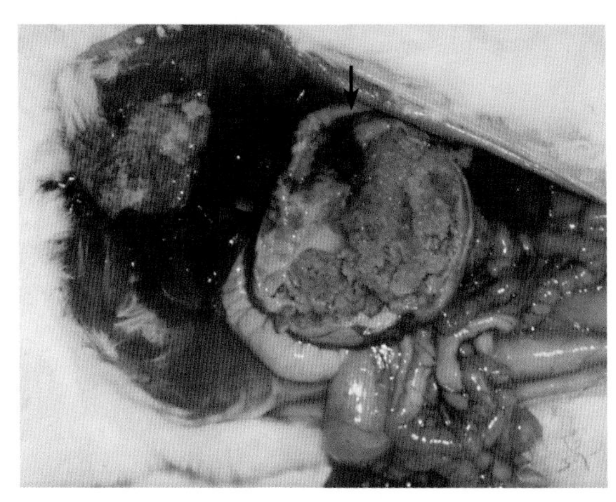

图52-2　胃黏膜脱落、出血，皮下水肿
(任克良)

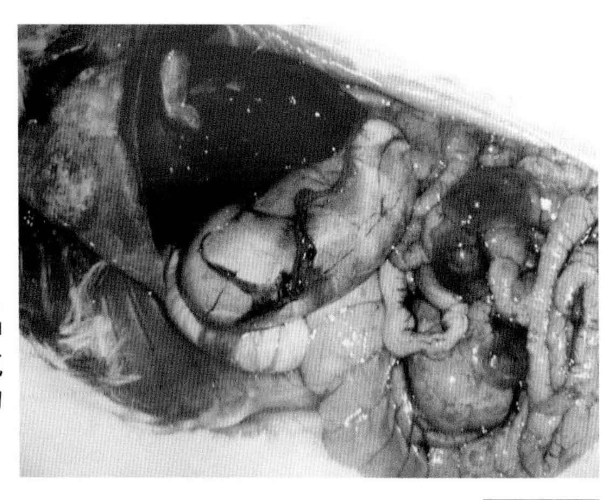

图52-3　肺脏充血、出血、水肿，肝变性肿大，肠腔内有含气泡的黄红色稀薄的内容物
(任克良)

【诊断要点】①有接触有机磷农药史；②有流涎，流泪，腹泻，腹痛，兴奋不安，痉挛等主要症状；③呼出气、排出的粪便有大蒜气味；④出血性胃肠炎等病理变化；⑤胃内容物有机磷农药化验。

【防治措施】不要喂给刚喷洒过有机磷农药的青饲料。用敌百虫等驱除兔体内外寄生虫时，要严格按说明书使用，药量要准确。加强安全措施，以防人为投毒。

治疗：如系内服中毒，可灌服硫酸镁5 ~ 10克导泻，之后静脉注射4%解磷定1 ~ 2毫升，每2 ~ 3小时注射1次。同时肌内注射1%阿托品0.5 ~ 1毫升（如口服则为0.1 ~ 0.3毫克），隔0.5 ~ 1小时减半用药1次，以后视症状缓解情况，延长用药间隔时间或减少用药量。如是外用中毒，应及时清除体表残留药液，防止继续吸收，然后用上述方法治疗。

【诊疗注意事项】治疗体外寄生虫用阿维菌素等药物，尽量不使用农药，以防对兔产品（兔肉）造成药物残留问题。

五十三、阿维菌素中毒

阿维菌素是阿佛曼链球菌的天然发酵产物，是一种高效广谱抗寄生虫药物，是目前预防和治疗兔螨病和体内线虫病的首选药物。

【病因】剂量计算错误和盲目增大剂量是造成阿维菌素中毒的主要原因。

【典型症状与病变】当家兔使用过量阿维菌素后，出现精神沉郁，步态不稳，食欲不振，或拒食（图53-1）等症状，最后瘫软，在昏迷中死亡。剖检见肺、肠黏膜等出血，腹腔积液，实质器官变性，脾程度不等地肿大（图53-2至图53-5）。

【诊断要点】①有阿维菌超量防治螨病、线虫病史；②有上述症状和内脏出血、腹腔积液等病变。

【防治措施】使用阿维菌素时，应准确称量兔的体重并严格按产品说明的使用剂量用药。

本病没有特效解毒药，可按补液、强心、利尿和兴奋肠蠕动的原则进行治疗。

图53-1　病兔精神沉郁，拒食
（任克良）

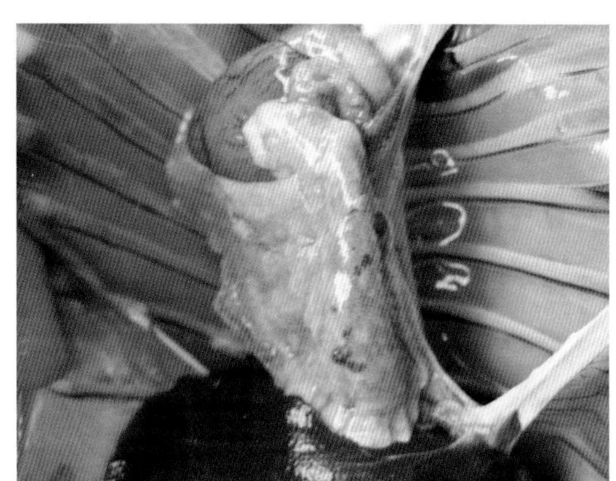
图53-2　肺有出血斑点
（任克良）

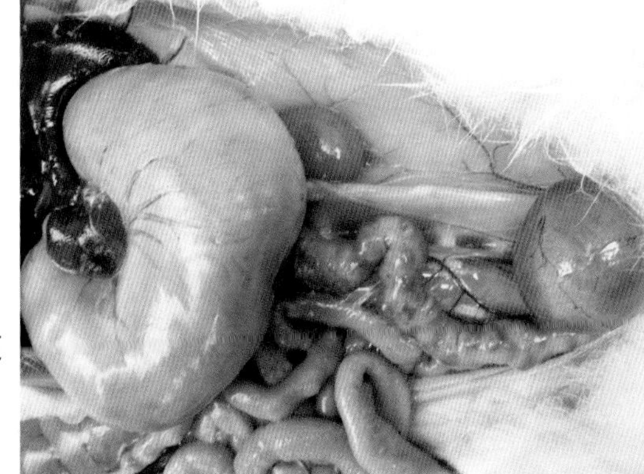
图53-3　胃内充满食物，腹腔积液，肾色黄，膀胱积尿
（任克良）

图53-4 脾肿大
（任克良）

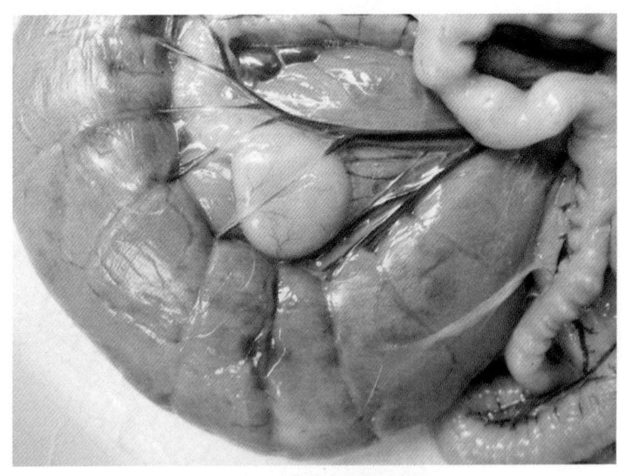

图53-5 盲肠黏膜出血
（任克良）

【诊疗注意事项】诊断本病首先应考虑与阿维菌素使用的关系，症状和病变仅供参考。

五十四、马杜拉霉素中毒

马杜拉霉素俗称加福、抗球王、抗球皇、杜球等，为聚醚类离子载体抗生素。一般主要用于家禽球虫病的预防和治疗，而不用于兔球虫病。用于预防家兔球虫病时，剂量稍大或长期使用，便会引起中毒甚至导致死亡。

【病因】马杜拉霉素用于预防兔球虫病，预防剂量与中毒剂量十分接近，剂量稍高或饲料搅拌不均匀，长期饲喂，均可引起中毒。

【典型症状与病变】人工感染家兔中毒表现，青年兔、泌乳母兔先发病，精神不振，食欲废绝，感觉迟钝，嗜睡，体温正常，排尿困难，粪便变小，四肢发软，嘴着地，似翻跟头动作（图54-1），数小时后死亡。如剂量稍大或搅拌不均匀，采食后24小时即出现如上症状，且迅速死亡。剖检见心包腔与腹腔积液（图54-2、图54-3），胃黏膜脱落（图54-4），肝瘀血肿大，肾变性色淡等（图54-5）。

【诊断要点】①有饲喂马杜拉霉素史，群发；②有上述症状和病变；③饲料与胃内容物马杜拉霉素检测。

【防治措施】禁止使用马杜拉霉素用于预防兔球虫病。

治疗：目前马杜拉霉素中毒尚无特效药，一般采用以下措施：①立即停止饲喂含药饲料，换用新的饲料。②口服补液盐，同时配合速补多维饮水。③将中毒兔放在安静、通风、避光处饲养。

【诊疗注意事项】禁止用马杜拉霉素作为家兔抗球虫药物。

图54-1　嗜睡，头、嘴着地，似翻跟头动作
（任克良）

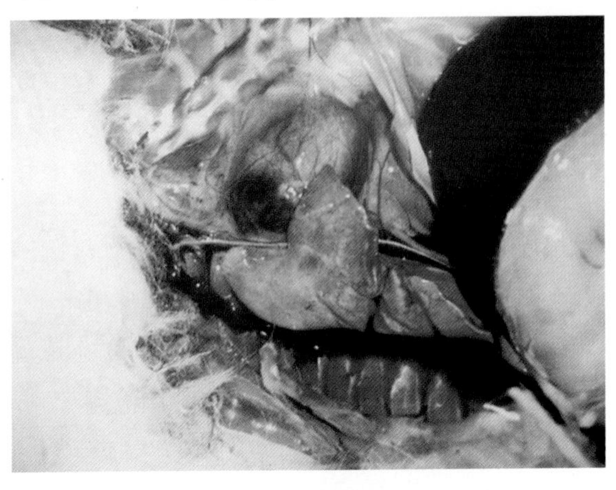

图54-2 心包腔积液，胸腺有出血点
（任克良）

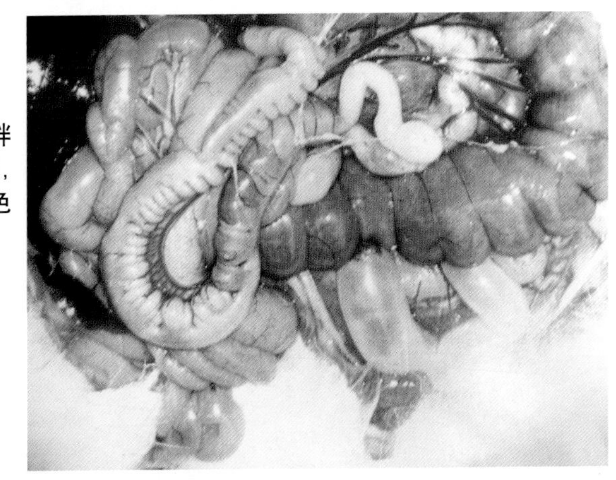

图54-3 腹腔积液，肠袢有纤维素附着，肠腔内有淡黄色液状内容物
（任克良）

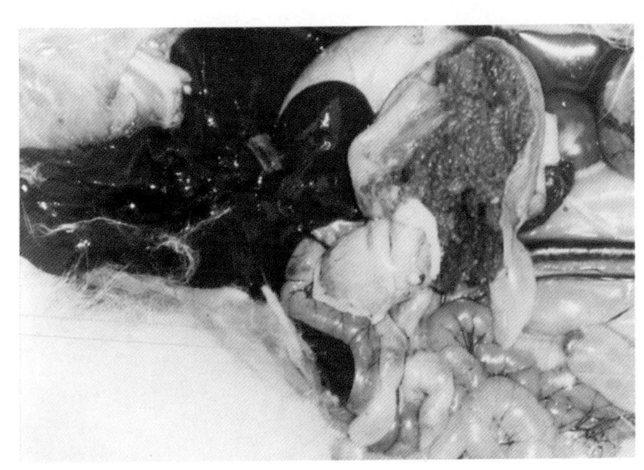

图54-4 胃黏膜脱落
（任克良）

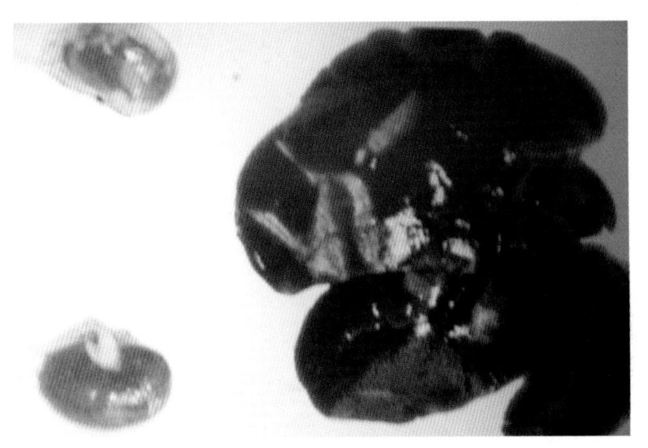

图54-5 肝瘀血肿大，有坏死灶，胆囊胀大，充满胆汁，肾变性色淡
（任克良）

五十五、敌鼠中毒

敌鼠为一种灭鼠药。敌鼠中毒是敌鼠及其钠盐进入体内后，干扰了肝脏对维生素K的利用，抑制凝血酶原及其凝血因子的合成，使血凝不良，出血不止，而且作用于毛细血管壁，使其通透性增高，脆性增加，易破裂出血。因此，敌鼠中毒是一种全身出血和血管渗出为特征的中毒性疾病。

【病因】家兔的中毒是由于误食了被敌鼠污染的饲料、饮水而引起。在兔舍任意放置毒饵灭鼠而未加强管理时也可造成家兔误食而中毒。

【典型症状与病变】精神不振，不食，呕吐，出现出血性素质，如鼻、齿龈出血，血便血尿，皮肤紫癜，伴有关节肿大，跛行，腹痛，后期呼吸高度困难，黏膜发绀。窒息死亡。剖检见全身组织器官明显瘀血、出血和渗出，故色暗红、有出血点。体腔有液体渗出，血液凝固不良（图55-1至图55-5）。

【诊断要点】①有误食被敌鼠与敌鼠钠盐污染的饲料和饮水史；②中毒3 天后出现以出血为主的症状；③有明显的全身出血、渗出为特征的病变；④敌鼠与敌鼠钠盐检测。

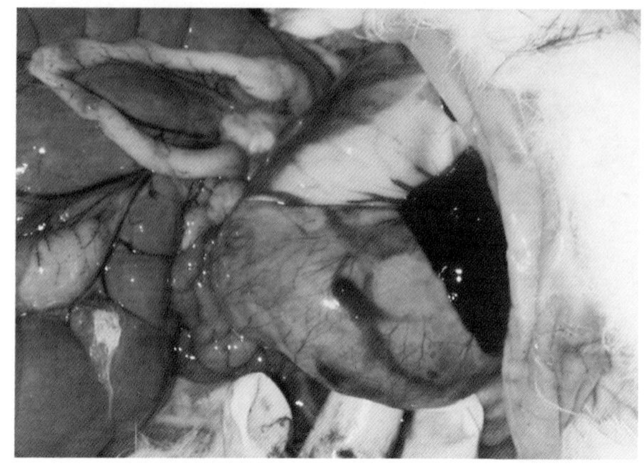

图55-1 胃浆膜血管明显，大片出血
（任克良）

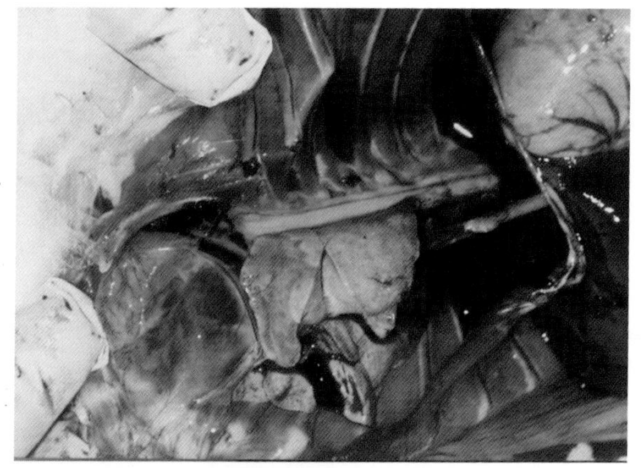

图55-2 心包腔积液，血凝不良
（任克良）

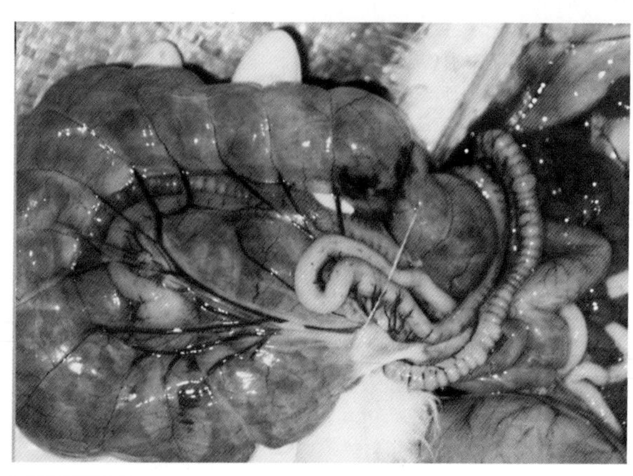

图55-3 大肠浆膜瘀血，暗红色，有出血和纤维素渗出
（任克良）

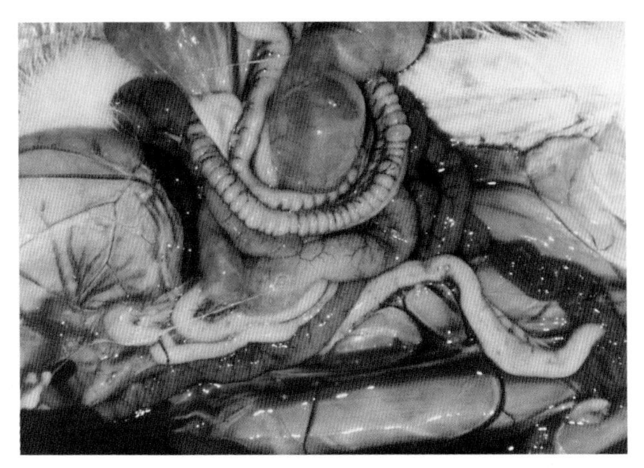

图55-4 小肠与直肠浆膜出血
（任克良）

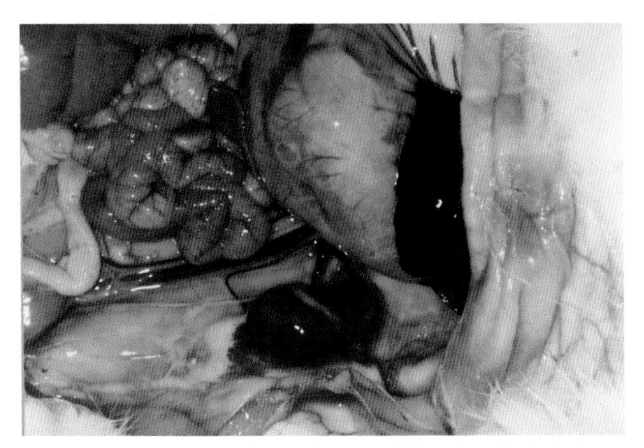

图55-5 肾严重出血，暗红色，其他器官颜色也变暗
（任克良）

【防治措施】兔舍放置敌鼠毒饵时要有防止兔误食的措施。加强饲料库、加工场所的管理，防止饲料被毒饵污染。

治疗：洗胃，灌服盐类泻药，肌内注射特效解毒药维生素K_1溶液，每千克体重0.1～0.5毫克，每日2～3次，连用5～7天。

【诊疗注意事项】本病的诊断除查明有误食敌鼠史外，一定要注意病变的特征是全身性瘀血、出血、液体渗出与血凝不良。注射药物时应选择小号针头，以免引起局部出血。

五十六、氟乙酰胺中毒

氟乙酰胺又称敌蚜胺，俗称“闻到死”，是一种常用灭鼠药，由于在体内可活化为氟乙酸，对心血管系统及中枢神经系统有损害作用，故引起动物中毒或死亡。

【病因】家兔误食氟乙酰胺毒饵或其污染的饲料、饮水是中毒的主要原因。

【典型症状与病变】潜伏期0.5～2小时，病兔精神沉郁，嗜睡（图56-1），瞳孔散大，呼吸、心跳加快，大小便失禁，倒地抽搐死亡。剖检见心包及胸腹腔有清亮液体积聚，肝、肾等实质器官变性肿大，肺有细小出血点和气肿等（图56-2至图56-3）。

图56-1 病兔精神沉郁，嗜睡
（张小丽、陈怀涛）

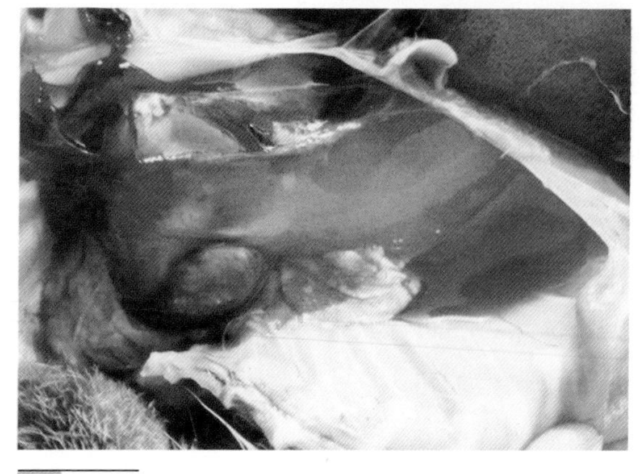

图56-2 胸腔和心包腔有大量清亮的液体
（张小丽、陈怀涛）

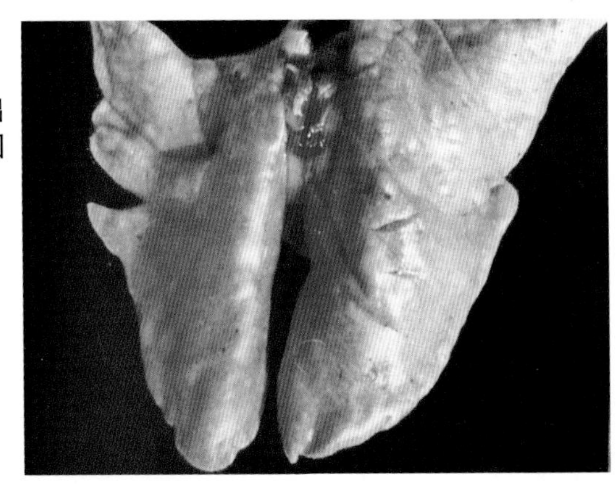

图56-3　肺表面散在细小出血点，出血点周围常有肺泡气肿
（张小丽、陈怀涛）

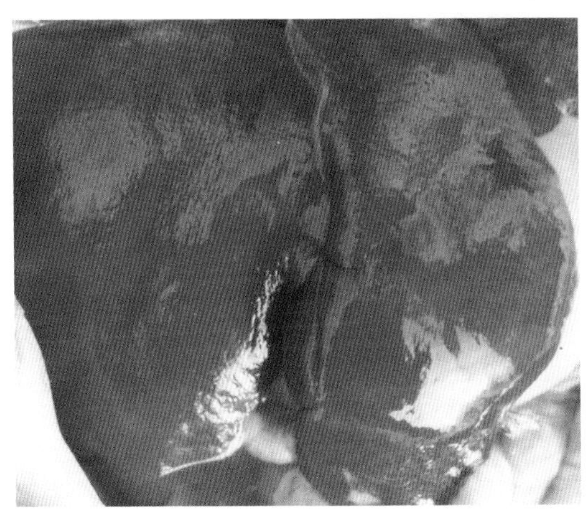

图56-4　肝肿大、色黄、质脆
（张小丽、陈怀涛）

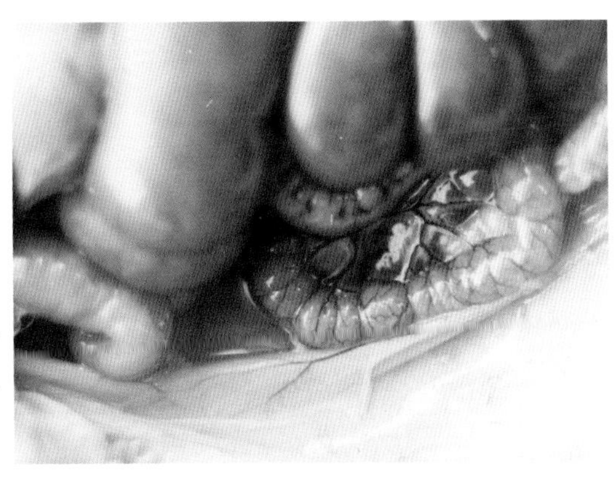

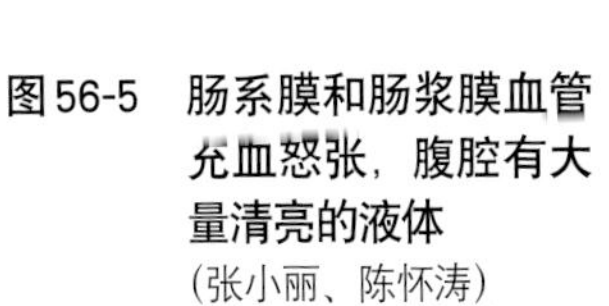

图56-5　肠系膜和肠浆膜血管充血怒张，腹腔有大量清亮的液体
（张小丽、陈怀涛）

【诊断要点】①有误食氟乙酰胺毒饵或其污染的饲料、饮水史；②发病突然，精神沉郁和抽搐而死；③体腔明显积液，实质器官变性等病变；④检测肝等组织的毒物。

【防治措施】兔舍放置毒饵时要有防止兔误食的措施。加强饲料库、加工场所的管理，防止饲料被毒饵污染。

治疗：肌内注射乙酰胺，每千克体重20 ~ 50毫克，每天2次，连续用药5 ~ 7天。

五十七、食盐中毒

家兔食盐中毒是食盐摄入体内过多而饮水不足所引起的中毒性疾病。

【病因】饲料中食盐添加过多或使用食盐含量过高的鱼粉，饮水不足；有些地区用咸水喂兔等，都可引起中毒。

【典型症状与病变】病初食欲减退，精神沉郁，结膜潮红（图57-1)，口渴，腹泻成堆。随后兴奋不安，头部震颤，步样蹒跚。严重的呈癫痫样痉挛，角弓反张，呼吸困难，牙关紧闭，卧地不起而死（图57-2)。剖检见出血性胃肠炎，胸腺出血，肺、脑膜充血、出血、水肿等病变(图57-3至图57-6)；组织上见嗜酸性粒细胞性脑炎。

图57-1　病兔不安，站立不稳，结膜充血、潮红
（任克良）

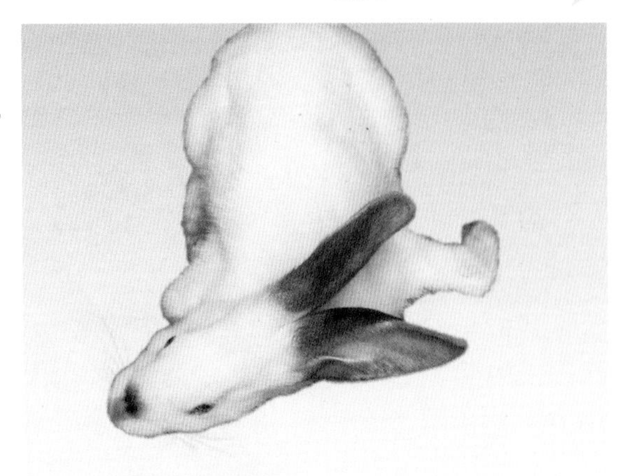

图57-2 病兔有神经症状，卧地不起
（任克良）

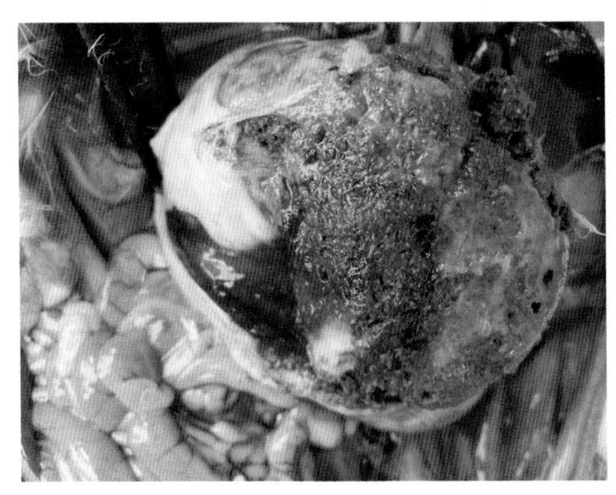

图57-3 胃黏膜脱落
（任克良）

图57-4 胃黏膜充血、出血，并有糜烂
（任克良）

图57-5 胸腺有出血点
（任克良）

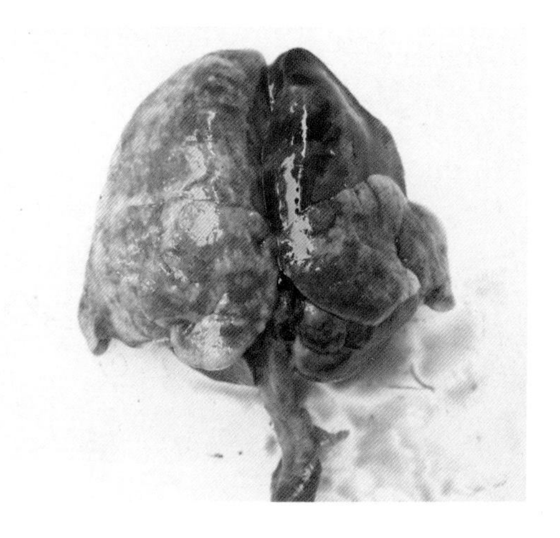

图57-6 肺充血、出血、水肿
（任克良）

【诊断要点】①有饲喂过多食盐史；②表现结膜充血，精神不安、昏迷等神经症状；③出血性胃肠炎，嗜酸性粒细胞性脑炎；④饲料、胃肠内容物氯化钠检测。

【防治措施】严格掌握饲料中食盐添加剂量，使用鱼粉时要将其中含盐量计算在内，供给充足清洁饮水。

治疗：供给充足清洁饮水的同时，内服油类泻剂5～10毫升。根据症状，采取镇静、补液、强心等措施。

【诊疗注意事项】根据症状和眼观病变常难以做出诊断，因此最好做脑组织切片和饲料、胃内容物氯化钠含量检测。

五十八、霉菌毒素中毒

霉菌毒素中毒是指家兔采食了发霉饲料而引起的中毒性疾病，是目前危害养兔生产的主要疾病之一。

【病因】自然环境中，许多霉菌寄生于含淀粉的粮食、糠麸、粗饲料上，如果温度（28℃左右）和湿度（80%～100%）适宜，就会大量生长繁殖，有些会产生毒素，家兔采食即可引起中毒。常见的毒素有黄曲霉毒素、赤霉菌毒素等。

【典型症状与病变】精神沉郁，不食，便秘后腹泻（图58-1），粪便带黏液或血（图58-2），流涎，口唇皮肤发绀。常将两后肢的膝关节

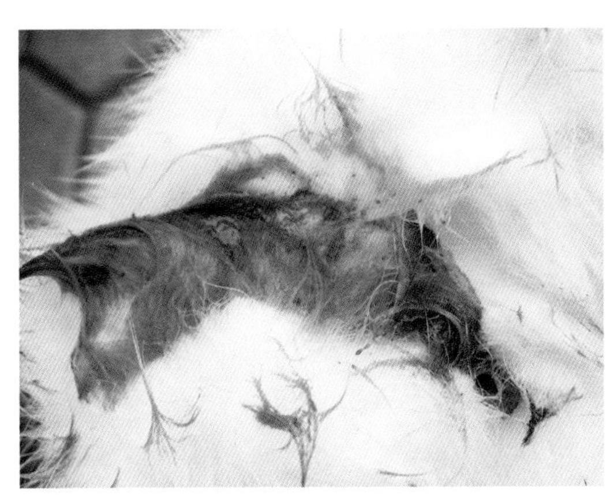

图58-1　腹　泻
（任克良）

图58-2　粪便带黏液
（任克良）

凸出于臂部两侧，呈“山”字形伏卧笼内，呼吸急促，出现神经症状，后肢软瘫，全身麻痹。母兔不孕，孕兔流产，死胎率升高。慢性者精神萎靡，不食，腹围膨大（图58-3）。剖检见肺充血、出血（图58-4）。肠黏膜易脱落，肠腔内有白色黏液（图58-5）。肾、脾肿大，瘀血（图

图58-3 精神萎靡，不食，腹围膨大
（任克良）

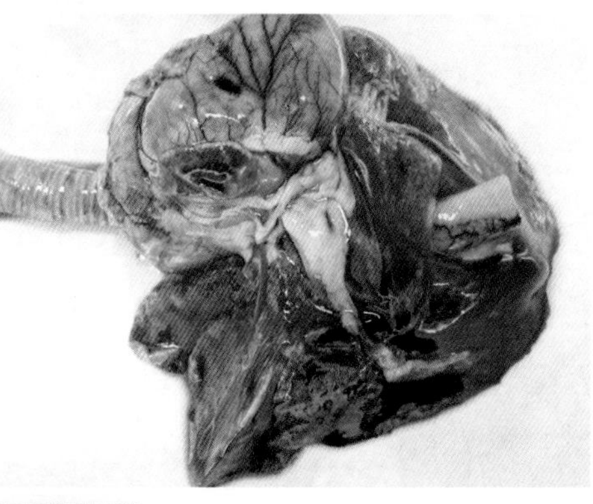

图58-4 肺充血、有出血斑
（任克良）

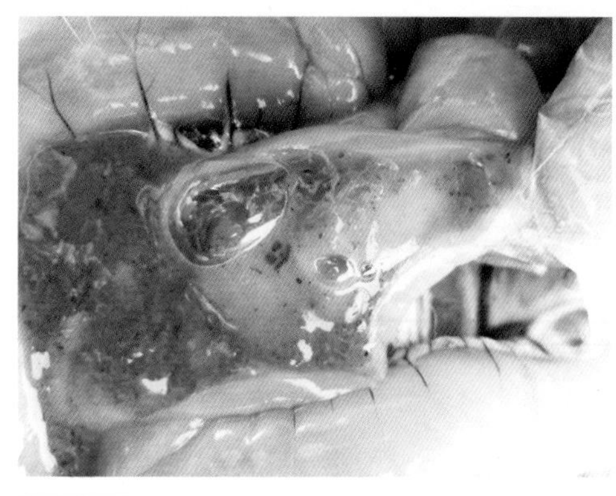

图58-5 肠黏膜脱落，肠腔内容物混有白色黏液
（任克良）

58-6)。有的盲肠积有大量硬粪，肠壁菲薄，有的浆膜有出血斑点（图58-7)。

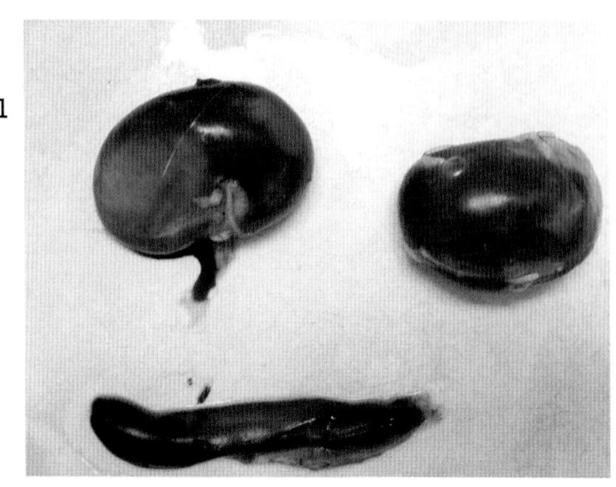

图58-6 肾、脾肿大，瘀血
（任克良）

图58-7 盲肠积有干硬粪块，肠壁菲薄
（任克良）

【诊断要点】①有饲喂霉变饲料史；②触诊大肠内有硬结；③肺、肾、脾瘀血肿大等病变；④检测饲料霉菌或毒素。

【防治措施】禁喂霉变饲料是预防本病的重要措施。在饲料的收集、采购、加工、保管等环节加以注意。饲料中添加防霉制剂如0.1%丙酸钠或0.2%丙酸钙对霉菌有一定的抑制作用。

治疗：首先停喂发霉饲料，用2%碳酸氢钠溶液50 ～ 100毫升灌服洗胃，然后灌服5%硫酸钠溶液50毫升，或稀糖水50毫升，外加维生素C2毫升。或将大蒜捣烂喂服，每只兔每次2克，每天2次。10%

葡萄糖50毫升，加维生素C 2毫升，静脉注射，每天1～2次；或氯化胆碱70毫升、维生素B_{12} 5毫克 、维生素E 10毫克，1次口服。

【诊疗注意事项】注意与其他中毒性疾病鉴别。

五十九、有毒植物中毒

有毒植物中毒是指家兔食入某些有毒植物而引起的具有中毒表现的一类疾病。

【病因】能引起家兔中毒的植物主要有：三叶草、毒芹、蓖麻、曼陀罗、毛茛、苍耳、夹竹桃、秋水仙等（图59-1至图59-7）。收割牧草时不注意，在牧草中混进有毒的草或其他植物也可以导致误食中毒。能引起兔中毒的植物化学成分有生物碱、氢氰酸、苷类（氰苷、硫氰苷、强心苷和皂苷等）、植物蛋白、感光物质、草酸、挥发油和单宁等。

【典型症状与病变】一般来说，植物中毒的临诊症状为低头、流涎，全身肌肉程度不同的松软或麻痹，体温下降，排出柏油状粪便。但植物种类不同，中毒的症状和病变不完全相同。

毒芹中毒：腹部膨大，痉挛（先由头部开始，逐渐波及全身），脉搏增速，呼吸困难。曼陀罗中毒：初期兴奋，后期变为抑郁，痉挛及麻痹。三叶草中毒：影响排卵和受精卵在子宫内植入，引起不孕，这可能与三叶草中雌激素的含量很高有一定的关系。蓖麻中毒：主要病变为出血性胃肠炎和各实质脏器变性和坏死，肝脏出血、变性、易碎，脑质出血，神经细胞变性，毛细血管高度扩张。毛茛中毒：流涎、呼吸缓慢、血尿及腹泻。夹竹桃中毒：心律失常和出血性胃肠炎等。

【诊断要点】①检查饲草种类。②群发，采食量大的家兔易发病或病情严重。③特殊的临诊症状。④确诊需进行具体植物定性或定量分析。

【防治措施】了解当地存在的有毒植物种类，提高饲养管理人员识别有毒植物的能力。加强饲养管理，对于饲草中不认识的草类或怀疑有毒的植物要彻底清除。

治疗：怀疑有毒植物中毒时，必须立即停喂可疑饲草；对发病的

图59-1　毒　芹
（刘全儒）

图59-2　三叶草
（任克良）

图59-3　蓖　麻
（任克良、曹亮）

图59-4　曼陀罗
（任克良、曹亮）

图59-5　夹竹桃
（刘全儒）

图59-6　苍　耳
（任克良、曹亮）

图59-7　秋水仙
（刘全儒）

家兔，可内服1%鞣酸液或活性炭，并给以盐类泻剂，清除胃肠内毒物。根据病兔症状可采取补液、强心、镇痉等措施。

【诊疗注意事项】诊断时应根据症状、食入有毒饲料种类进行综合判断。

六十、兔急性腹胀

兔急性腹胀也称急性臌气，是由许多致病因素（如饲养管理不当、气候多变等）引起的、以食欲下降或废食、腹部膨大、迅速死亡等为特征的胃肠道疾病。近年来，此病发生呈大幅上升的趋势，对养兔业造成严重经济损失。

【病因】①饲养管理不当，包括饲料配方不当，如精料过多、粗纤维不足；饲喂量过多，不定时定量；突然更换饲料配方；饲料霉变等。②气候多变，兔舍温度低，或忽高忽低。③感染一些病原菌如A型魏氏梭菌、大肠杆菌、沙门氏菌等。

【典型症状与病变】断奶至3月龄的兔多发。病初食欲下降，精神不振，卧于一角，不愿走动，渐至不吃料，腹胀（图60-1）。粪便起初变化不大，后期粪便渐少，病后期以排出黄色、白色胶冻样黏液为主。部分兔死前少量腹泻，有的甚至无腹泻表现而死。摇动兔体，有响水声（系由胃、肠内容物呈水样所致）。腹部触诊，前期较软，后期较硬，部分兔腹内无硬块。剖检见死兔腹部膨大。胃臌胀，胃内容物稀薄或呈水样，小肠内有气体和液体（图60-2至图60-5）。盲肠内充气，

图60-1 精神不振，腹胀
（任克良）

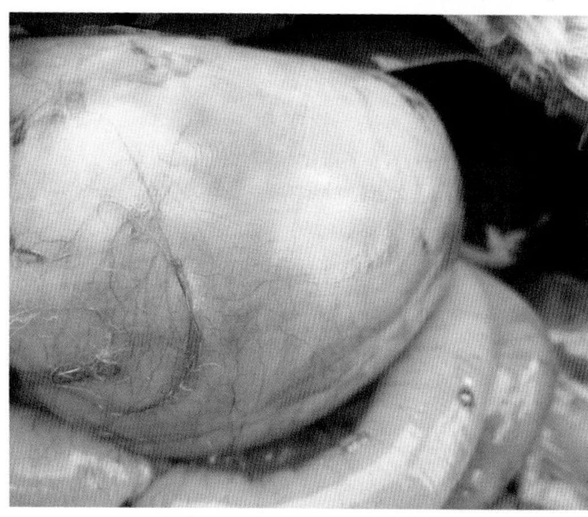

图60-2 胃膨大
（任克良）

图60-3 胃内容物稀薄
（任克良）

内容物较多，有的质地较硬甚至干硬成块状（图60-6）。结肠至直肠多数充满胶冻样黏液。膀胱充盈。

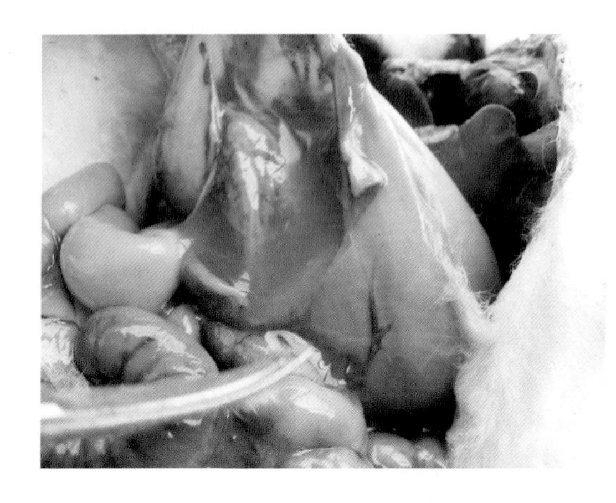

图60-4 胃内容物呈水样
（任克良）

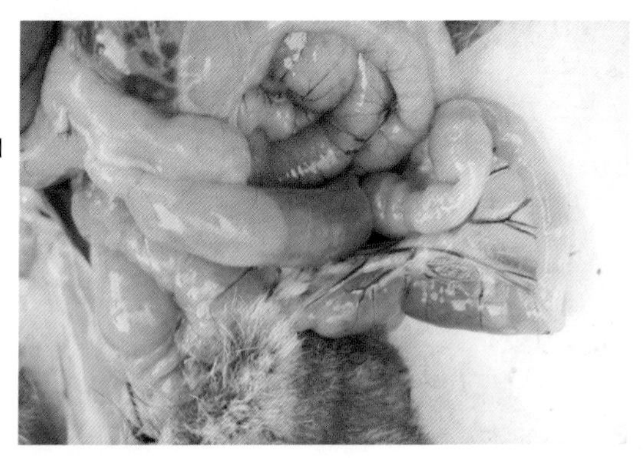

图60-5 小肠内充满气体和黏液
（任克良）

图60-6 盲肠壁菲薄，内有较硬内容物
（任克良）

【诊断要点】①断奶至3月龄兔易发病。②气候、环境和饲料配方、饲喂制度等变化。③腹胀等症状及胃、肠等特征性病变。

【防治措施】①注意饲料配方和饲料质量。配方要合理、饲料无霉变、配方保持相对稳定。幼兔饲喂要遵循“定时定量定质”的原则。②加强管理。断奶时原笼饲养。兔舍温度要保持相对恒定，切忌忽冷忽热。③兔群应定期注射魏氏梭菌和大肠杆菌等菌苗。

治疗：一旦有发病兔，及时隔离并消毒兔笼，控制饲喂量。将患病兔放在庭院或广阔的地方自由活动，饲喂优质青干草，部分兔可康复。也可在饲料中添加杆菌肽锌、复方新诺明、溶菌酶+百肥素等药物，同时在饮水中添加电解多维等。

【诊疗注意事项】本病治疗效果差，应以预防为主。

六十一、腹泻

腹泻不是独立性疾病，是泛指临床上具有腹泻症状的疾病，主要表现为粪便不成球，稀软，呈粥状或水样。

【病因】①饲料配方不合理，如精料比例过高，即高蛋白、高能量、低纤维。②饲料质量差。饲料不清洁，混有泥沙、污物等。饲料含水量过多，或吃了大量的冰冻饲料。饮水不卫生。③饲料突然更换，饲喂量过多。④兔舍潮湿，温度低，家兔腹部着凉。⑤口腔及牙齿疾病。

此外，引起腹泻的原因还有某些传染病、寄生虫病、中毒性疾病和以消化障碍为主的疾病，这些疾病各有其固有症状，并在本书各种疾病中专门介绍，在此不再赘述。

【典型症状与病变】病兔精神沉郁，食欲不振或废绝。饲料配方和饲养管理不当引起的腹泻，病初粪便只是稀、软，但粪便性质未变(图61-1)，如果控制不当，就会诱发细菌性疾病如大肠杆菌病、魏氏梭菌病等，粪便就会出现黏液、水样等。

【诊断要点】①有饲养管理不当、兔舍温度低等应激史。②粪便不成形，但性质未变。

【防治措施】饲料配方设计合理，饲料、饮水卫生、清洁。变换饲

图61-1 粪便稀、不成形，但性质未变
（任克良）

料要逐步进行。幼兔提倡定时定量饲喂技术。兔舍要保温、通风、干燥和卫生。

治疗：在消除病因的同时控制饲喂量，不能控制时应及早应用抗生素类药物（如庆大霉素等），以防继发感染。对脱水严重的病兔，可灌服补液盐（配方为：氯化钠3.52克，碳酸氢钠2.5克，氯化钾1.58克，葡萄糖20克，加凉开水1 000毫升），或让病兔自由饮用。

【诊疗注意事项】腹泻种类很多，原因复杂，找出病因，采取有针对性地防控措施，才能收到较好的治疗效果。

六十二、便秘

便秘是指家兔排粪次数和排粪量减少，排出的粪便干、小、硬，是家兔常见消化系统疾病之一。

【病因】引起家兔便秘除热性病、胃肠弛缓等全身性疾病因素外，饲养管理不当是主要原因，如以颗粒饲料为主，饮水不足；青饲料缺乏；饲料品质差，难以消化；饲喂过多含单宁多的饲料如高粱等；饲料中混有泥沙或混入兔毛；饲喂不定时，过度贪食；饮水不洁或运动不足等均可诱发本病。

【典型症状与病变】患病初期，精神稍差，食欲减退，喜欢饮水，粪便干、小、两头尖、硬（图62-1），腹痛腹胀，患兔常头颈弯曲，回顾腹部、肛门、起卧不宁。随着病程进展，停止排便，腹部膨大肚胀，用手触摸可感知有干硬的粪球颗粒，并有明显的触痛。如果不及时采取措施，因粪便长期滞留在胃肠而导致自体中毒，或因呼吸困难，心力衰竭而死。剖检发现结肠和直肠内充满干硬成球的粪便，前部肠管积气。

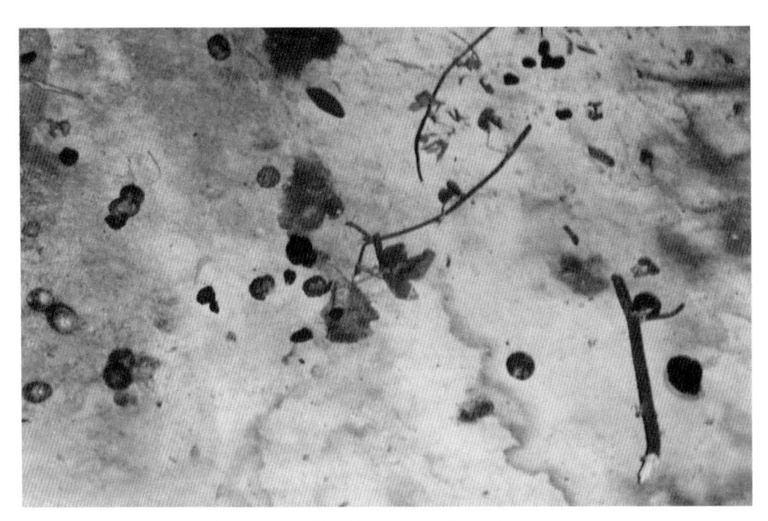

图62-1　粪便干、小、硬（成年兔）
（任克良）

【诊断要点】根据粪便少、小、硬等可做出诊断。

【防治措施】加强饲养管理，合理搭配青粗饲料和精饲料，经常供给家兔清洁饮水，饲喂定时定量，加强运动，限量饲喂高粱等易引起便秘的饲料。

治疗：对患兔应及时去除病因，停止饲喂，供给清洁饮水，适当增加运动，按摩腹部。治疗时应注意制酵和通便。常用药物有：①人工盐，成年兔5～6克，幼兔减半，加适量温水口服。②植物油，每只每天口服10～20毫升。③石蜡油，成年兔15毫升，幼兔减半，加等量温水口服。④果导片，成年兔每次1片，每天3次。

⑤温肥皂水或高锰酸钾溶液，用人用导尿管灌肠，每次30 ～ 40毫升，效果甚佳。

六十三、生殖器官炎症

生殖器官炎症是指非传染性原因所致的生殖器官炎症的总称，包括母兔的阴部炎、阴道炎和子宫内膜炎及公兔的包皮炎和阴囊炎等，这是家兔常见的一类炎症性疾病。

【病因】母兔生殖器官炎症多由于分娩或外伤感染造成。公兔生殖器炎症常因包皮内蓄积污垢、寄生虫或外伤等引起。

【典型症状与病症】

阴部炎：外阴红肿，严重时溃烂并结痂，有的发生脓肿（图63-1、图63-2）。

阴道炎：阴道黏膜肿胀，充血及溢血，从阴道内流出不同性状的分泌物。

子宫内膜炎：从阴道内排出污秽恶臭的分泌物，多呈白色脓汁（图63-3）。母兔时常努责，屡配不孕。剖检可见子宫黏膜增厚，表面粗糙（图63-4），子宫浆膜上有脓肿（图63-5）。

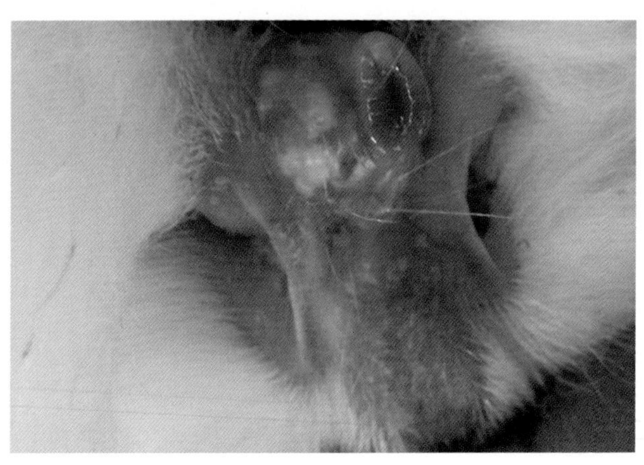

图63-1　阴部炎

外阴部发生化脓性炎症。（任克良）

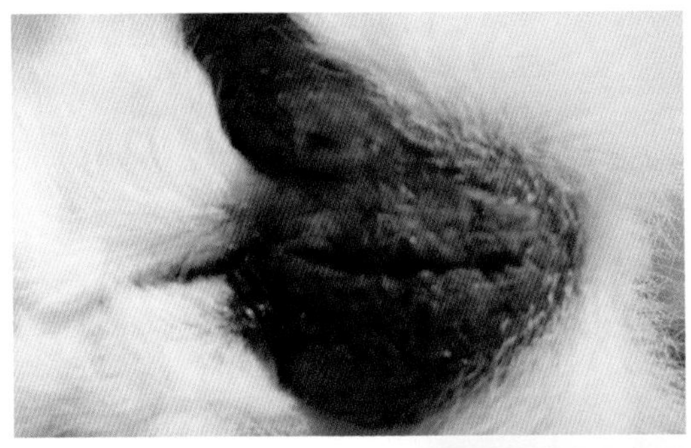

图63-2　阴部炎

外阴部红肿，有明显炎症反应。(任克良)

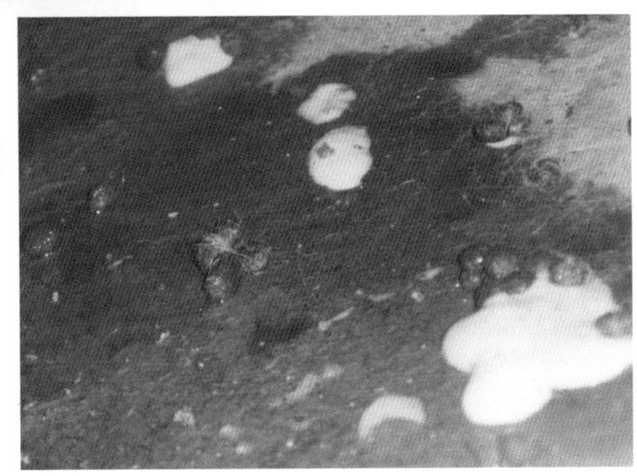

图63-3　母兔子宫内排出白色脓汁

(任克良)

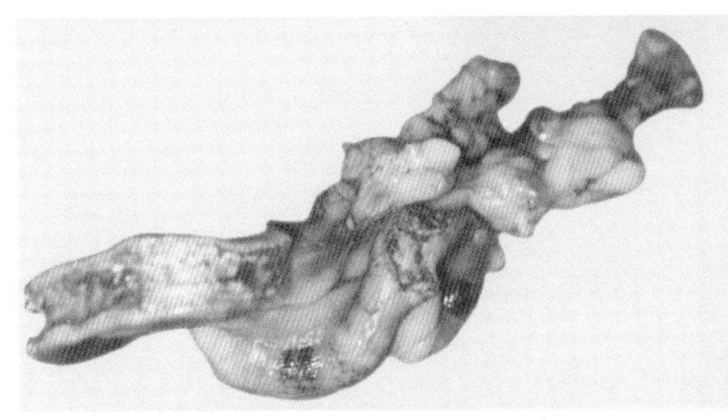

图63-4　子宫内膜炎

子宫黏膜增厚，表面粗糙。(任克良)

包皮、阴茎炎：包皮热痛肿胀，尿流不齐，积垢坚硬如石，严重时排尿困难。包皮、阴茎发炎，内有白色脓汁（图63-6）。

阴囊炎：阴囊皮肤呈炎性充血肿胀，严重时化脓破溃（图63-7）。如炎症波及内部组织，则睾丸可肿大、疼痛。

【诊断要点】根据临诊症状一般可做出初步诊断。母兔生殖器官炎症多伴有屡配不孕。

【防治措施】保持兔笼清洁卫生，除去有尖刺的异物。3月龄以上

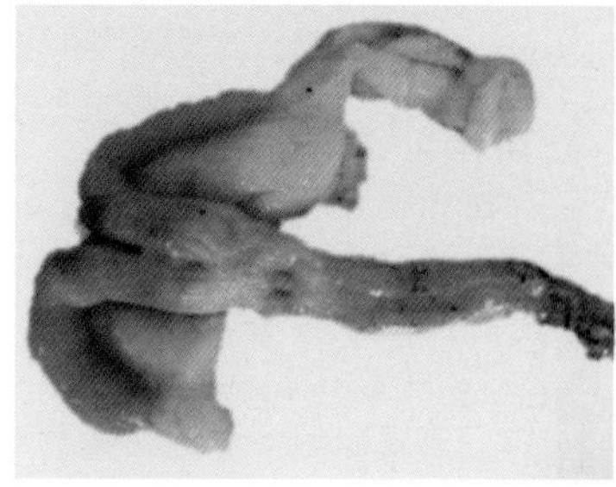

图63-5 子宫炎

子宫浆膜上有脓肿形成。(任克良)

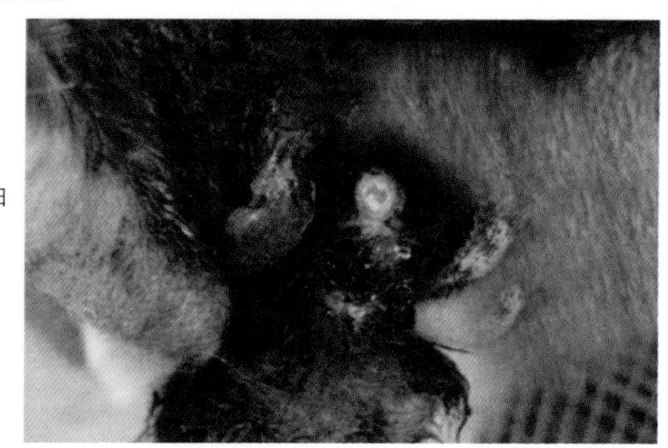

图63-6 包皮、阴茎炎

包皮及阴茎发炎化脓，见有白色脓汁。(任克良)

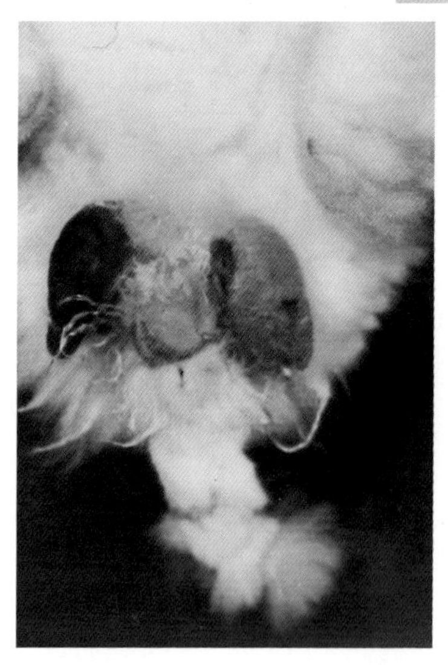

图63-7 阴囊炎

阴囊皮肤潮红，稍肿胀。(任克良)

兔要分笼饲养，严禁相互咬架，防止外伤。一旦发现有外伤，及时用碘酒涂擦。发现病兔，立即隔离，并禁止患本病的兔参加配种。

治疗：患部先用0.1%高锰酸钾溶液、3%过氧化氢溶液、0.1%雷佛奴耳或0.1%新洁尔灭溶液清洗，再涂消炎软膏，每天2～3次，并配合全身治疗，如肌内注射青霉素，每只兔10万单位。也可口服磺胺噻唑，首次量每千克体重0.2克，每天3次，维持量减半。为促进子宫腔内分泌物的排出，可使用子宫收缩剂，如皮下注射垂体后叶素2万～4万单位。

【诊疗注意事项】母兔患子宫内膜炎、子宫积脓等疾病时，最好淘汰处理。

六十四、不孕症

不孕症是引起母兔暂时或永久性不能生殖的各种繁殖障碍的总称。

【病因】①母兔过肥、过瘦，饲料中蛋白质缺乏或质量差，维生素A、维生素E或微量元素等含量不足，换毛期间内分泌机能紊乱。②公兔过肥，长时间不用。配种方法不当。③各种生殖器官疾病，如阴道炎、卵巢肿瘤、胎儿滞留、子宫蓄脓等（图64-1至图64-3）。④生殖器官先天性发育异常等。

【典型症状与病变】母兔在性成熟后或产后一段时间内不发情或发情不正常（无发情表现、微弱发情、持续性发情等），或母兔经屡配或多次人工授精不受胎。母兔过肥，卵巢被脂肪包围排卵受阻。正在换毛的兔易

图64-1　子宫内胎儿木乃伊化
（任克良）

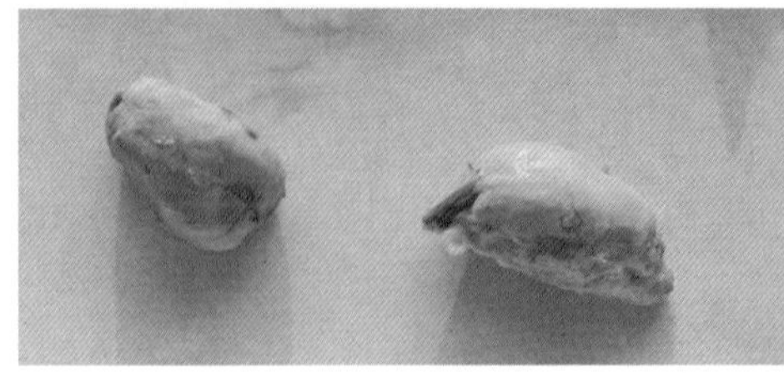

图64-2　子宫内的死胎
（任克良）

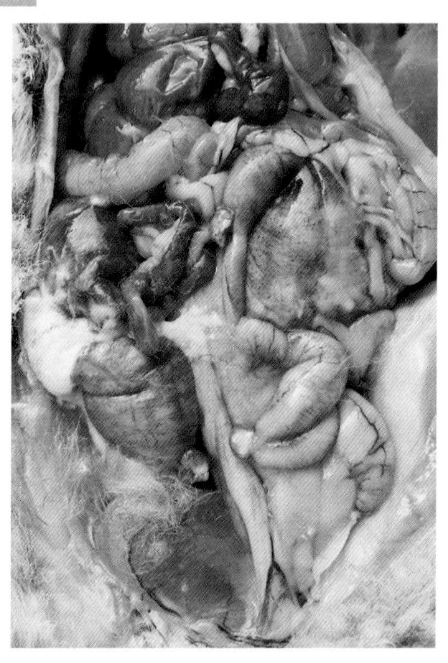

图64-3　子宫积脓
（任克良）

屡配不孕。剖检可见子宫积脓，卵巢肿瘤或生殖器官先天异常等。

【诊断要点】多次配种不孕。子宫积脓、卵巢肿瘤等可通过触诊进行判定。

【防治措施】要根据不孕症的原因制订防治计划，如加强饲养管理，供给全价日粮，保持种兔正常体况，防止过肥、过瘦。光照充足。掌握发情规律，适时配种。及时治疗或淘汰患生殖器官疾病的种兔。对屡配不孕者应检查子宫状况，有针对性的采取相应措施。

治疗：①对过肥的兔通过降低饲料营养水平或控制饲喂量降低膘情，对过瘦的种兔采取提高饲料营养水平或增加饲喂量，恢复体况。②若因卵巢机能降低而不孕，可试用激素治疗。皮下或肌内注射促卵泡素（FSH），每次0.6 毫克，用4毫升生理盐水溶解，每天2次，连用3天，于第4天早晨母兔发情后，再耳静脉注射2.5毫克促黄体素

(LH)，之后马上配种。用量一定要准确，剂量过大反而效果不佳。

【诊疗注意事项】对因体况造成的不孕，可通过调整营养供应进行治疗。

六十五、宫外孕

宫外孕又称异位妊娠，是指胚胎在子宫腔以外着床发育。

【病因】原发性极为少见，继发性多见，一般多因输卵管破裂或孕兔子宫破裂使胚囊突入腹腔，但仍与附着在输卵管或子宫上的胎盘保持联系，故胚胎可继续生长，但由于胚盘附着异常，血液供应不足，胎儿生长至一定体积即死亡。

【典型症状与病变】患兔精神、食欲正常，但母兔拒配或配而不孕。外观腹围增大，用手触摸时，腹腔有胎儿，胎儿大小不一，但迟迟不见产仔。剖腹产或剖检时可见胎儿附着于胃小弯部的浆膜上、盆腔部或腹壁，胎儿大小不一，有成形的，有未成形的，胎儿外部常有一层较薄的膜或脂肪包裹着（图65-1、图65-2）。

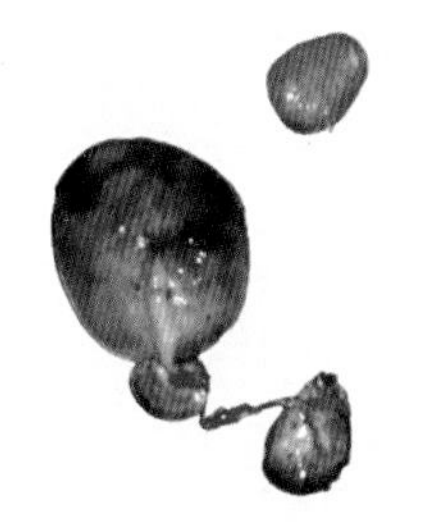
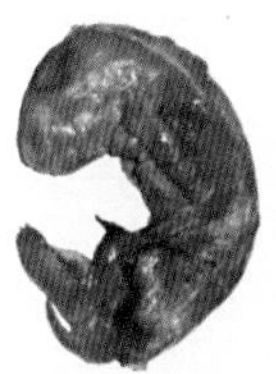

图65-1　宫外孕的胎儿

胎儿大小不一，有的已成形，有的仅为一肉样团块。（任克良）

图65-2　宫外孕胎儿与膀胱浆膜相连
（任克良）

【诊断要点】根据症状、触诊和剖检结果可做出诊断。

【防治措施】保持饲养环境安静是预防本病的重要措施。

治疗：如确认系宫外孕，可采取手术取出死亡胎儿。一般术后良好，可继续配种繁殖。

【诊疗注意事项】“受胎而不产”是本病指示性症状之一，但其他生殖器官的疾病也会出现，因此对本病的诊断要仔细、全面。

六十六、流产和死产

流产是胎儿或（和）母体的生理过程受到破坏所导致的怀孕未足月即排出胎儿。怀孕足月但产出死胎称为死产。

【病因】引起流产的原因很多，主要有机械性、精神性、药物性、营养性、中毒性和疾病性等原因。母兔群体发生流产时要考虑营养性、中毒性和疾病性，如饲料中维生素A、维生素E缺乏，饲料霉变和李氏杆菌病等疾病。

一般初产母兔出现死胎的较多。机械性因素、营养缺乏、中毒和疾病（如沙门氏菌病、妊娠毒血症）等均可引起死产。

【典型症状与病变】多数母兔突然流产，一般无特征表现，只是在兔笼内发现有未足月的胎儿、死胎或仅有血迹才被注意（图66-1）。发

图66-1　流　产

兔笼底板上流产的肉块状物（胎儿）。（任克良）

病缓慢者，可见如正常分娩一样的衔草、拉毛营巢等行为，但产出不成形的胎儿。有的胎儿多数被母兔吃掉或掉入笼底板下。流产后母兔精神不振，食欲减退，体温升高，有的母兔在流产过程中死亡。仔兔出生时即死亡，为死产。

【诊断要点】发现兔笼底板有未足月的胎儿或仅见有血迹，触摸孕兔无胎儿时，即可确诊为本病。

【防治措施】本病关键在于预防，根据病因采取相应的措施。

治疗：发现有流产征兆的母兔可用药物进行保胎，方法是肌内注射黄体酮15毫克。流产母兔易继发阴道炎、子宫炎，应使用磺胺等抗生素类药物控制炎症以防感染，同时应加强营养，防止受凉，待完全恢复健康后才能进行配种。

对于第二窝之后死胎率仍然很高的母兔，在无其他原因的情况下要予以淘汰。

【诊疗注意事项】对于习惯性流产和经常性产死胎的母兔作淘汰处理。

六十七、难产

难产是孕兔分娩时胎儿不能从母体顺利产出的一种疾病。

【病因】①产力性难产。母兔产力不足，无法排出胎儿，常见于母兔过肥或过瘦、过度繁殖、缺乏运动或年龄过大。②胎儿性难产。与之交配的公兔体型过大，怀孕期营养过剩，胎儿过大，或胎儿异常、畸形，胎势不正等。③生殖器畸形，产道狭窄。骨盆狭小或骨折变形，盆腔肿瘤都可造成产道狭窄引起难产。

【典型症状】怀孕母兔已到产期，拉毛做窝，有子宫阵缩努责等分娩预兆，但不能顺利产出仔兔；或产出部分仔兔后仍起卧不安，鸣叫，频频排尿，也有从阴门流出血水，有时可见胎儿的部分肢体露出阴门外。

【诊断要点】主要根据母兔子宫有阵缩努责等分娩预兆，但不能顺利产出仔兔的症状。

【防治措施】①加强饲养管理，防止母兔过肥或过瘦。②母兔过早交配或过晚交配、繁殖，初产母兔的难产发生率均有不同程度的提高，所以必须适时配种。③避免近亲繁殖。④母兔产前要加强运动。临产时应保持周围环境绝对安静。

治疗：应根据原因和性质，采取相应治疗措施。①产力不足者，可先往阴道内注入0.5%普鲁卡因2毫升，使子宫颈张开。过5 ~ 10分钟肌内注射催产素5单位，同时配合腹部按摩。使用催产素前胎位必须正确，否则会造成母仔双亡。②对催产素无效、骨盆狭窄、胎头过大、胎位胎向不正时，可首先进行局部消毒，产道内注入温肥皂水，操作者用手指或助产器械矫正胎位、胎向，将仔兔拉出。如果仍不能拉出胎儿，可进行剖腹产。③死胎造成的难产，可以消毒的人用导尿管插入子宫，用注射器灌入温青霉素生理盐水，直至从阴门流出为度（100 ~ 200毫升），一般经30分钟死胎儿可被排出，母兔即恢复正常。

剖腹产手术：仰卧保定母兔，局部消毒，并麻醉，在腹部后端至耻骨前缘的腹正中线处切开，取出子宫，用消毒纱布将子宫和腹壁刀口隔开，切开子宫取出胎儿，缝合子宫并纳于腹腔，最后结节缝合腹壁。术后用青霉素肌内注射3 ~ 5天，以防感染。对于尚存活的胎儿，应立即打开胎胞，取出胎儿，夹断脐带，擦净身上、鼻孔处的黏液，让仔兔吃到初乳（图67-1）。

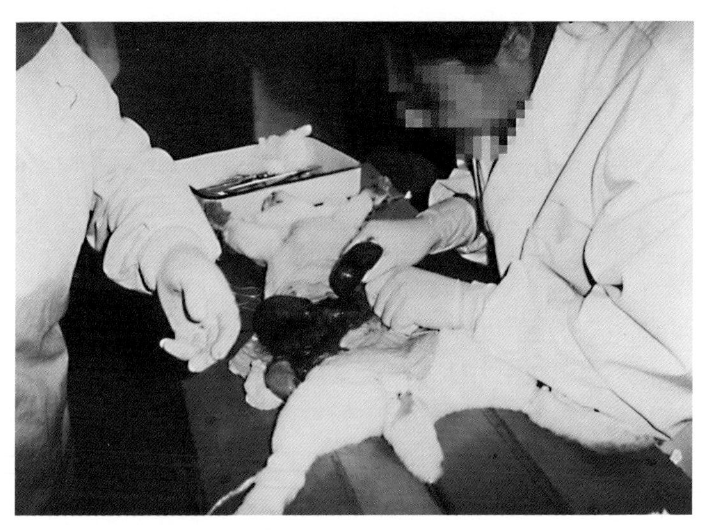

图67-1　剖腹产

从子宫内取出胎儿。（任克良）

六十八、产后瘫痪

产后瘫痪是母兔分娩前后突然发生的一种严重代谢性疾病，其特征是由于低血钙而使知觉丧失及四肢瘫痪。

【病因】饲料中缺钙、频密繁殖、产后缺乏阳光、运动不足和应激是致病的主要原因，尤其是母兔产后遭受到贼风的侵袭时最易发生。分娩前后消化功能障碍及雌激素分泌过多，也可引起发病。

【典型症状与病变】一般发生于产后2～3周，有时在24小时内发生，个别母兔发生在临产前2～4天。发病突然，精神沉郁，坐于角落，惊恐胆小，食欲下降甚至废绝。轻者跛行、半蹲行或匍匐行进，重者四肢向两侧叉开，不能站立（图68-1）。反射迟钝或消失，全身肌肉无力，严重者全身麻痹，卧地不起。有时出现子宫脱出或出血症状。体温正常或偏低，呼吸慢，泌乳减少或停止。

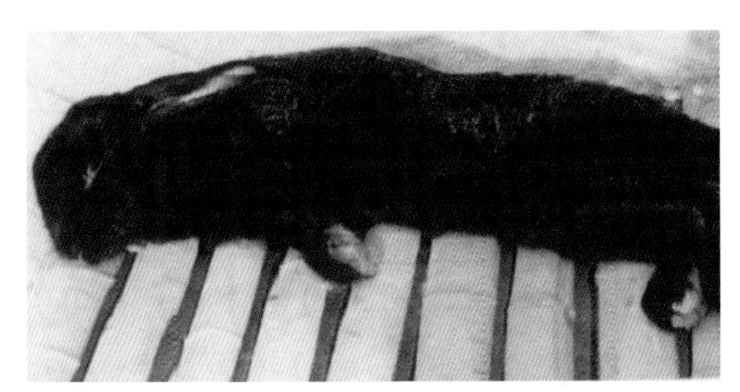

图68-1　病兔精神沉郁，后肢麻痹瘫痪，前肢无力
（任克良）

【诊断要点】有行走困难、肢体麻痹、瘫卧等典型症状。实验室检查血清钙含量明显降低，严重的可下降至每升70毫克以下（正常含量为每升250毫克）。

【防治措施】对怀孕后期或哺乳期母兔，应供给钙、磷比例适宜和维生素D充足的日粮。

治疗时用10%葡萄糖酸钙5～10毫升、50%葡萄糖10～20毫升，混合一次静脉注射，每天1次。也可用10%氯化钙5～10毫升与葡萄糖静脉注射。或维丁胶性钙2.0毫升，肌内注射。有食欲者饲料中加服糖钙片1片，每天2次，连续3 ～ 6天。同时调整日粮鱼粉、骨粉（或磷酸氢钙）和维生素D含量。

【诊疗注意事项】注意产后瘫痪与创伤性脊椎骨折鉴别，但前者用针刺后肢有明显反应，后者则无反应。

六十九、乳房炎

乳房炎是家兔乳腺组织的一种炎症性疾病，严重危害繁殖母兔。

【病因】①乳房过多乳汁的刺激。母兔妊娠末期、哺乳初期大量饲喂精料，营养过剩，产仔后乳汁分泌多而稠，或因仔兔少或仔兔弱小不能将乳房中的乳汁吸完，均可使乳汁在乳房里长时间过量蓄积而引起乳房炎。②创伤感染。乳房受到机械性损伤后伴有细菌感染，如仔兔啃咬、抓伤、兔笼和产箱进出口的铁丝等尖锐物刺伤等。创伤感染的病原菌主要有金黄色葡萄球菌、链球菌等。③发生其他传染病时可伴发乳房炎。④兔舍及兔笼卫生条件差，也容易诱发本病。

【典型症状与病变】急性乳房炎：精神沉郁，食欲降低或废绝，体温升高，伏卧，拒绝哺乳。初期乳房局部红、肿、热、痛，稍后即呈蓝紫色，甚至呈黑色（图69-1）。若不及时治疗，多在2 ～ 3天内因败血症而死亡。

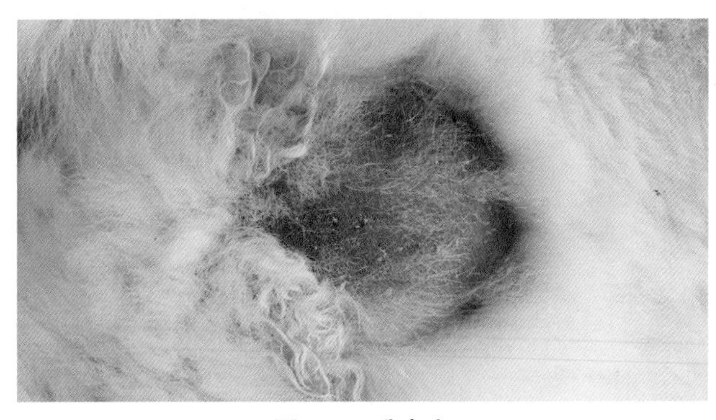

图69-1　乳房炎

乳区皮肤呈黑色。（任克良）

慢性乳腺炎：常由急性乳房炎转变而来。病兔一个或多个乳头发炎，局部红、肿、热、痛症状有一定减轻，但触之乳房坚硬，内有肿块，拒绝哺乳。

化脓性乳房炎：多由化脓菌引起或由急性乳房炎转变而来。化脓性乳房炎表现为乳腺内有单发或多发脓肿（图69-2）。患部坚硬，患兔步行困难，拒绝哺乳，精神不振，食欲减退，体温可达40℃以上。剖检可见乳腺区内有大小不等的脓肿，内含白色乳油状脓汁（图69-3）。有时乳腺内脓肿可在乳房皮肤破溃并向外排出脓汁。

患乳房炎母兔的仔兔易发生黄尿病。

图69-2　乳房炎

乳头附近的乳腺组织发生的脓肿。(任克良)

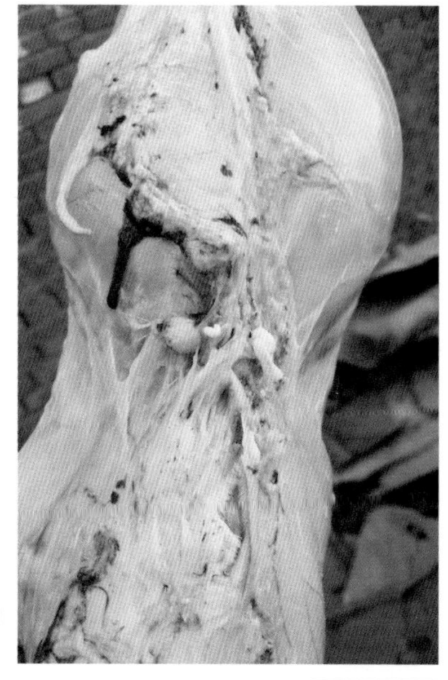

图69-3　乳房炎

乳腺区内的多发性脓肿，脓肿内含白色乳油状脓汁。(任克良)

【诊断要点】①多发生于产后5 ~ 25天。②仔兔相继死亡或患黄尿病。③乳房炎的特征症状和病变。

【防治措施】①根据仔兔数量，适当调整产前、产后精料、多汁饲料饲喂量，以防引起乳汁分泌的异常（过稠过多或过稀过少），避免引起乳房炎。②保持兔笼和运动场的清洁卫生，清除尖锐物，特别要保持兔笼和产箱进出口处的光滑，以免损伤乳头。③对本病发生率较高的兔群，除改善饲养管理制度外，繁殖母兔皮下注射葡萄球菌苗2毫升，每年2次，可减少本病发生。

治疗：患病初期24小时内先用冷毛巾冷敷，同时挤出乳汁，1天后用热毛巾进行热敷，每次15 ~ 30分钟，每天2 ~ 3次，或涂擦5%鱼石脂软膏。局部用青霉素普鲁卡因混合液（青霉素3万～5万单位，0.25%普鲁卡因溶液30 ~ 50毫升）进行封闭注射，患部周围分4 ~ 6点，皮下注射，可隔1 ~ 2天再进行封闭1次，连续2 ~ 3次即收效。同时用青霉素、链霉素各20万单位进行肌内注射，每天2次，连续3 ~ 5天。如发生脓肿，则需开刀排脓。手术治疗虽然可康复，但泌乳机能会受到影响。对于多个乳腺发生的脓肿，最好作淘汰处理。

【诊疗注意事项】诊疗乳房炎时一定要考虑到病因及原发病。

七十、阴道脱

阴道脱是阴道壁的一部分或全部翻出于阴门外。

【病因】过度努责或阴道组织松弛，体质虚弱，运动不足及剧烈腹泻等均可引起本病。

【典型症状与病变】患兔精神不振，食欲下降或废绝。笼底有血迹，后肢、尾部沾有血液，阴门外有呈球形红色组织（阴道）凸出，瘀血、水肿（图70-1、图70-2）。脱出时间较长时翻出的阴道黏膜可发炎或坏死。

【诊断要点】产前产后母兔多发。根据症状即可确诊。

【防治措施】加强饲养管理，适当增加光照和运动。

治疗：先清除阴道黏膜黏附的粪便、兔毛等污物，再用3%温明矾水溶液浸洗脱出部，使其收缩。若脱出时间较长，用盐水清洗，使其脱水缓解以便整复。清洗后，由助手提起患兔的两后肢，操作者一

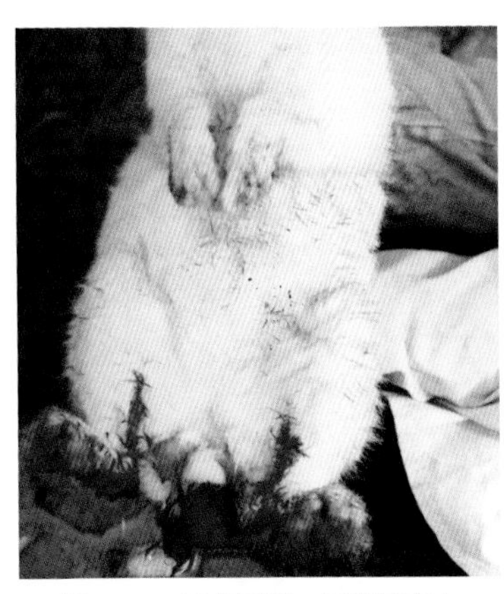

图70-1　患兔后肢、尾部沾有血液，阴道脱出、红肿
（任克良）

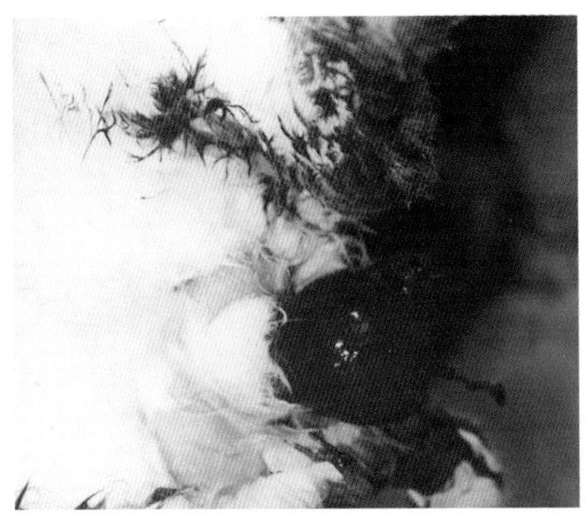

图70-2　阴门外脱出部瘀血、水肿，上方为凸出的子宫颈
（任克良）

手轻轻托起脱出部，一手用三指交替地从四周将其仔细推入体内。然后往阴道内放入广谱抗生素1片（如金霉素），并提起后肢将患兔左右摇摆几次，拍击患兔臀部以助收缩复位。然后肌内注射抗生素。

【诊疗注意事项】阴道修复时除严格清洗消毒外，操作要大胆心细，使其顺利送入，又不至黏膜受损。

七十一、妊娠毒血症

妊娠毒血症是家兔妊娠末期营养负平衡所致的一种代谢障碍性疾病，由于有毒代谢产物的作用，致使出现意识和运动机能紊乱等神经症状。主要发生于孕兔产前4～5天或产后。

【病因】病因仍不十分清楚，但妊娠末期营养不足，特别是碳水化合物缺乏易发本病，尤以怀胎多且饲喂量不足的母兔多见。可能与内分泌机能失调、肥胖和子宫肿瘤等因素有关。

【典型症状与病变】初期精神极度不安，常在兔笼内无意识漫游，甚至用头顶撞笼壁，安静时缩成一团，精神沉郁，食欲减退，全身肌肉间歇性震颤，前后肢向两侧伸展（图71-1），有时呈强直痉挛。严重病例出现共济失调，惊厥，昏迷，最后死亡。剖检时常发现乳腺分泌机能旺盛（图71-2），卵巢黄体增大，肠系膜脂肪有坏死区（图71-3）。肝脏表面常出现黄色和红色区。心脏和肾脏的颜色苍白的。肾上腺缩小、苍白。甲状腺缩小、苍白。垂体增大。组织病理学检查，可见明显的肝和肾脂肪变性。

图71-1 软 瘫

患兔全身无力，四肢不能支持躯体。（任克良）

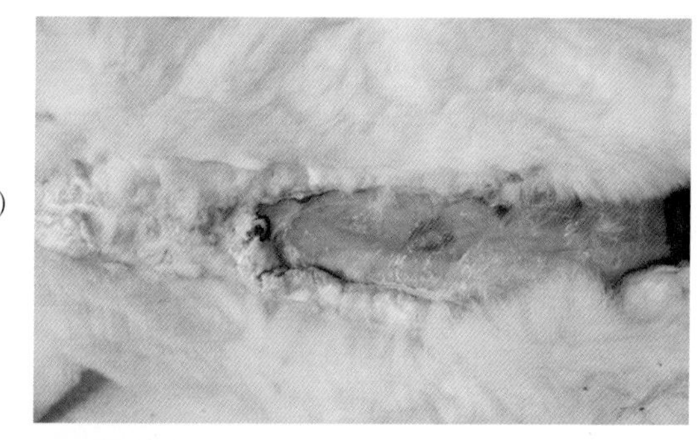

图71-2 妊娠毒血症

乳腺分泌机能旺盛。（任克良）

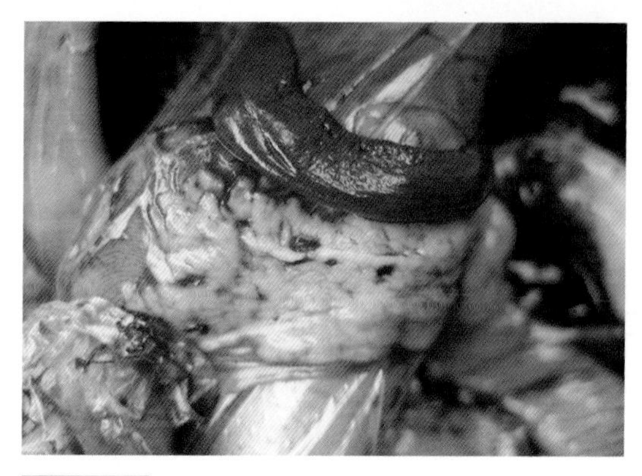

图71-3 肠系膜脂肪坏死

肠系膜脂肪见灰白色坏死区。（任克良）

【诊断要点】①本病只发生于母兔如怀孕母兔与泌乳母兔，其他年龄母兔、公兔不发生。②临诊症状和病理特点。③血液中非蛋白氮显著升高，血糖降低和蛋白尿。

【防治措施】合理搭配饲料，妊娠初期，适当控制母兔营养，以防过肥。妊娠末期，饲喂富含碳水化合物的全价饲料，避免不良刺激如饲料和环境突然变化等。

治疗：添加葡萄糖可防止酮血症的发生和发展。治疗的原则是保肝解毒，维护心、肾功能，提高血糖，降低血脂。发病后口服丙二醇4.0毫升，每天2次，连用3～5天。还可试用肌醇2.0毫升、10%葡萄糖10.0毫升、维生素C100毫克，一次静脉注射，每天1～2次。肌内注射复合维生素B 1～2毫升，有辅助治疗作用。

【诊疗注意事项】本病治疗效果缓慢，要耐心细致。

七十二、牙齿生长异常

牙齿生长异常是指牙齿生长过长并变形，从而影响采食的一种疾病。

【病因】遗传因素；饲养不合理，如只喂粉料、牙齿不能经常磨损而过度生长等；饲料中缺钙。

【典型症状与病变】各种兔均可发生，青年兔多发，上、下门齿或二者均过长，且不能咬合。下门齿常向上、向口外伸出，上门齿向内弯曲，常刺破牙龈、嘴唇黏膜和流涎（图72-1至图72-3）。患兔因不能正常采食，出现消瘦，营养不良。若不及时处理，最终因衰竭而死亡。

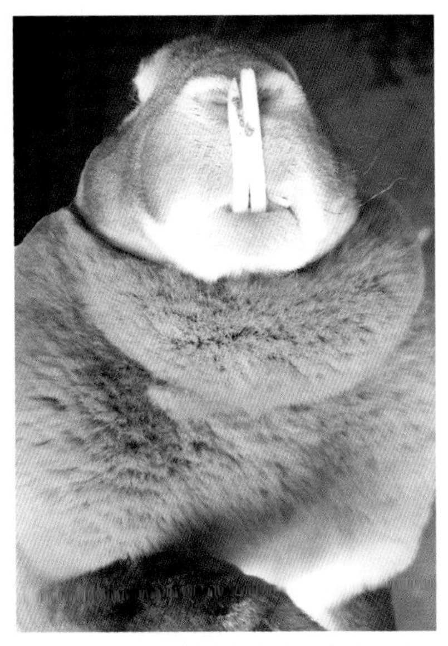

图72-1　下门齿过度生长，伸向口外，无法采食
（任克良）

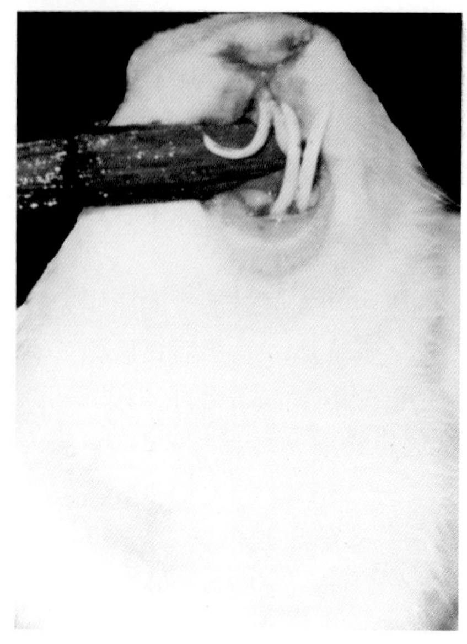

图72-2　上、下门齿均过度生长并弯曲，不能咬合
（任克良）

图72-3　流　涎

牙齿生长异常的个体，有明显的流涎症状，使颈胸部大片被毛浸湿。（任克良）

【诊断要点】根据牙齿过长变形病变即可确诊。

【防治措施】①防止近亲交配。②淘汰兔群中畸形齿兔。③推广颗粒饲料喂兔。用粉料喂兔时，每天需在兔笼中放置一些带皮的新鲜树枝等，让兔自由啃咬。④日粮中添加富含钙的饲料。

治疗：对种兔或达出栏标准的商品兔及时淘汰。对幼龄兔可用钳子或剪刀定期将门齿过长的部分剪下，断端磨光，达出栏标准时淘汰。

七十三、牛眼

牛眼又称水眼，是指眼内压间断或持续升高的一种眼病，是家兔中较常见的遗传性疾病之一。

【病因】可能是一种常染色体隐性遗传。家兔饲料中缺乏维生素A时易发。

【典型症状与病变】5月龄左右兔易发，单侧或双侧发生。患兔眼前房增大，角膜清晰或轻微浑浊，随后失去光泽，逐渐浑浊，结膜发炎，眼球突出和增大，像牛眼一样（图73-1）。

图73-1　患兔眼大而突出，似牛眼
（任克良）

【诊断要点】根据病因和特征眼部病理变化可做确诊。

【防治措施】供给富含维生素A的饲料；病兔不作种用；适时淘汰。

七十四、脑积水

脑积水是指颅内脑脊液容量增加。

【病因】①遗传因素。具有不完全显性的常染色体性状。②营养因素。如妊娠兔维生素A缺乏等。

【典型症状与病变】患病仔兔、幼兔脑门突出，似"脓疱"，常与无眼畸形、小眼畸形、眼球异位、虹膜和脉络膜缺损及白内障同时发生（图74-1至图74-3）。患兔较同窝的兔弱小，抗病力差。剖检见脑颅中有大量的积水。

【诊断要点】根据脑膨大，用手触摸有水样波动感即可诊断。

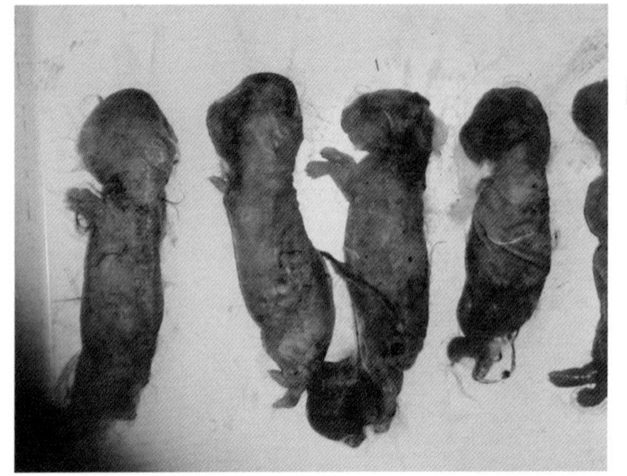

图 74-1　初生仔兔脑颅膨大
（任克良）

图 74-2　脑门突出，颅骨变薄，按压有弹性
（任克良）

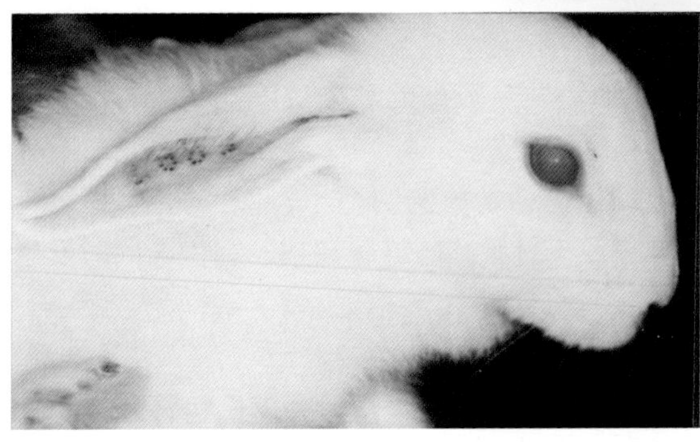

图 74-3　脑部膨大，伴有眼疾
（任克良）

【防治措施】制定科学的繁殖计划，避免近亲繁殖，淘汰有症状的兔只。

七十五、肾囊肿

肾囊肿是指肾脏中形成囊腔病变的疾病。

【病因】多由遗传性因素引起的肾脏发育不全所致，也可由其他原因（如慢性肾炎）引起。

【典型症状与病变】临诊上一般无明显症状，有的仅表现精神不振，弓背，步态，排尿异常。肾囊肿多在尸体剖检时才被发现。1～6月龄的兔即可见到。眼观受害肾脏有一至几百个大小不等的囊肿，分布在肾皮质部（图75-1），小囊肿刚能看到，大者有豌豆大或更大。

【防治措施】其后代不能作种用，应淘汰处理。

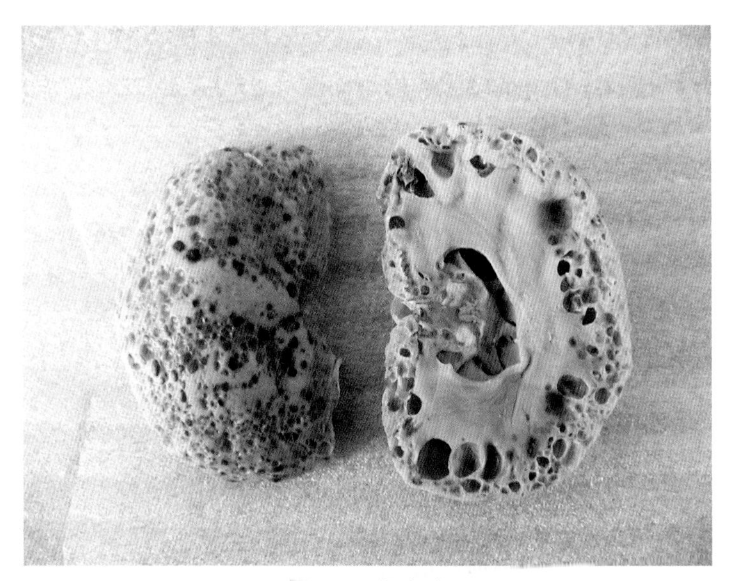

图75-1　肾囊肿

在肾皮质的表面和切面均见大小不等的囊泡，其中含有半透明的液体。（王新华）

七十六、黄脂

黄脂是指兔体内脂肪呈黄色的病理变化，其发生于遗传及食入某些富含黄色素的饲料（如黄玉米、胡萝卜素等）有关。黄脂对肉质外观和加工特性有一定的影响。

【病因】黄脂是一种隐性遗传性疾病。发生黄色纯合子隐性基因（y/y）的家兔，肝脏中缺乏一种叶黄素代谢所需的酶，因此，日粮中胡萝卜类色素群在体内不断贮藏，造成黄脂。黄脂的遗传性是与代表被毛颜色的B和C位点相连接的。

【典型症状与病变】生前无临诊症状，一般在剖检时才被发现。对黄脂纯合子兔，脂肪的颜色因饲料中胡萝卜类色素群含量水平不同而不同，可从淡黄色到深黄色（图76-1、图76-2）。

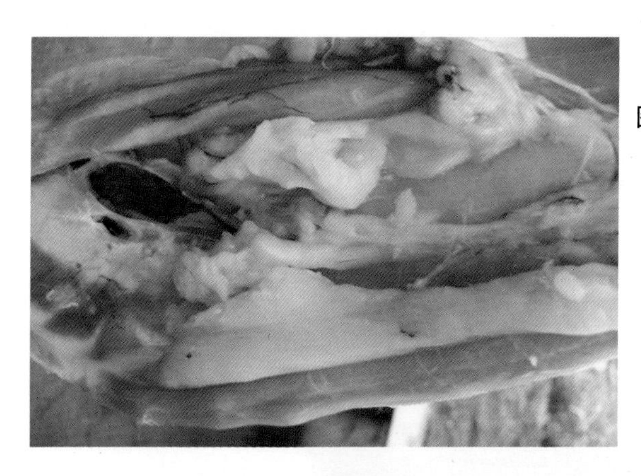

图76-1　黄　脂

脂肪呈淡黄色。（任克良）

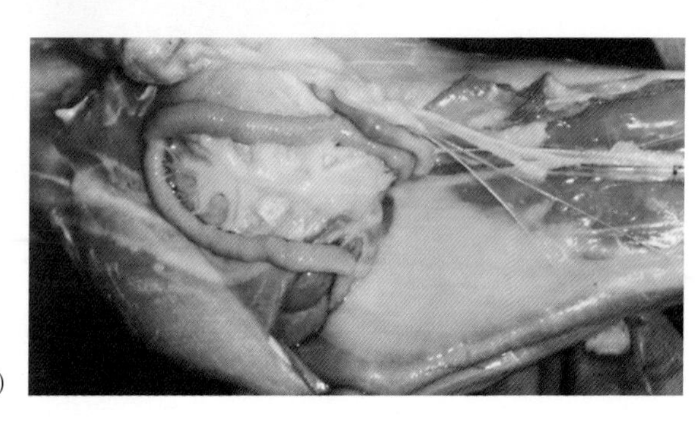

图76-2　黄　脂

脂肪呈深黄色。（任克良）

【防治措施】其后代不能作种用，应淘汰处理。

【诊疗注意事项】本病只有在宰后检查时才可做出诊断。

七十七、低垂耳

低垂耳是指耳朵从基部垂向前外侧的一种遗传性疾病。

【病因】多发生在某些近交系品种中，被认为是一个以上基因调控的。

【典型症状】患兔耳朵大小正常，并没有受到不正常的外界因素的影响，但是耳朵从基部垂向前外侧（图77-1）。

【诊断要点】根据表现即可诊断。

【防治措施】淘汰兔群中有“低垂耳”表现的个体。避免近亲繁殖。

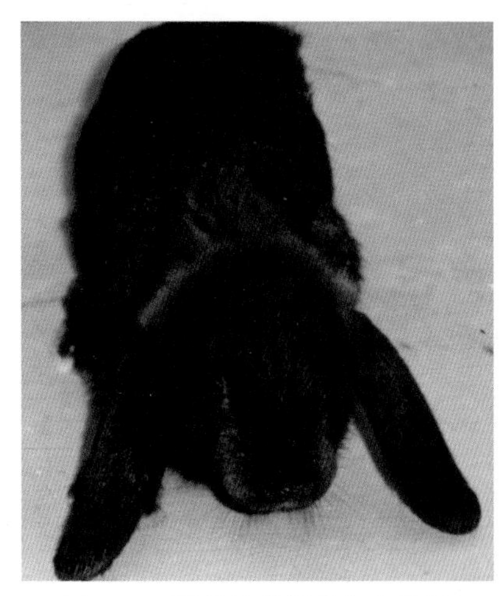

图77-1　耳朵从基部垂向前外侧
（任克良）

【诊疗注意事项】注意与有些品种的垂耳鉴别，垂耳兔是由于耳超重量而呈现单纯地向下悬挂，其遗传特性也被认为多基因控制。

七十八、畸形

畸形是动物在胚胎发育过程中受到某些致病因素的作用而产生的形态结构异常的个体。

【病因】引起畸形的原因除了有遗传基因突变外，环境污染、病毒、营养缺乏、药物等也可引起。

【典型症状与病变】畸形表现多种多样，较常见的有连体畸形、“象鼻”畸形、外生殖器畸形、泌尿系统畸形、无眼珠、乳房畸形、神经系统畸形，以及内脏器官的缺失，如胆囊缺失、无蚓突等（图78-1至图78-7）。

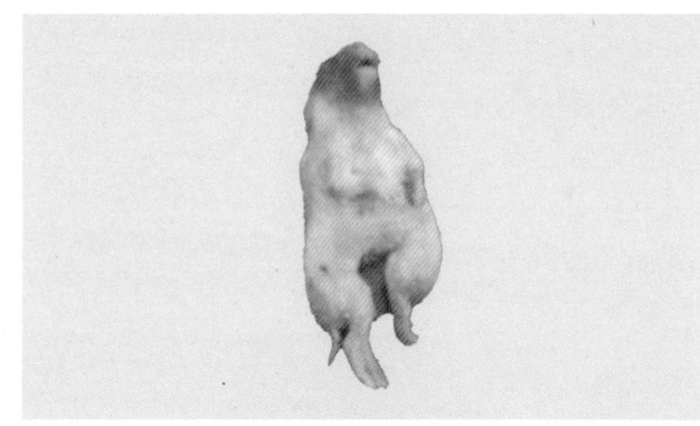

图78-1　连体畸形
（薛帮群）

图78-2　“象鼻”畸形
（任克良）

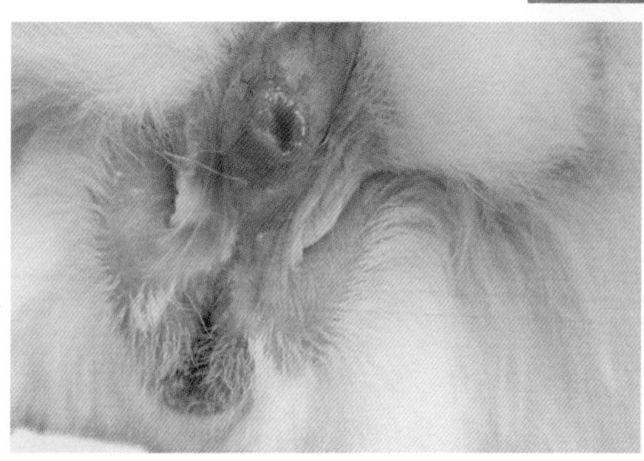

图78-3　外生殖器畸形

外生殖器形似公兔，但无睾丸，腹腔内亦无卵巢等雌雄生殖器官。（任克良）

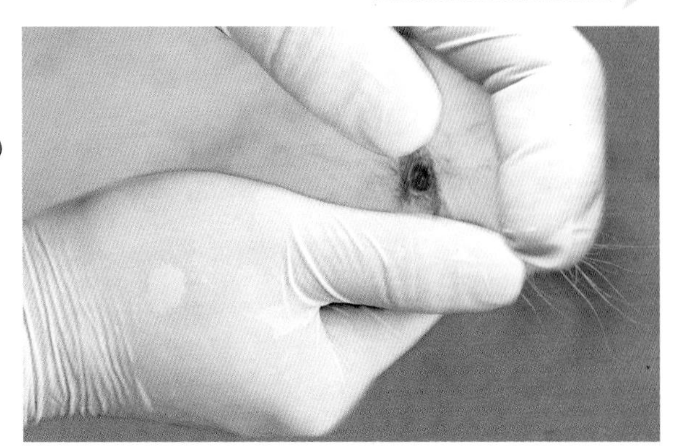

图78-4　无眼珠
（任克良）

图78-5　畸　形
一只兔镶嵌在另一只兔体内。（任克良）

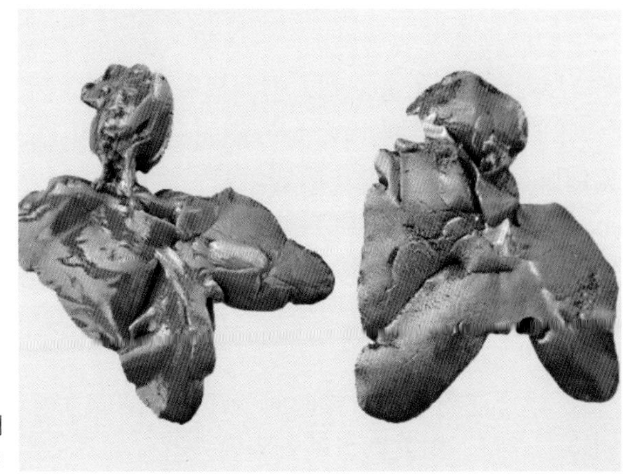

图78-6　胆囊缺失
左侧为正常肝脏，右侧肝胆囊床无胆囊。（任克良）

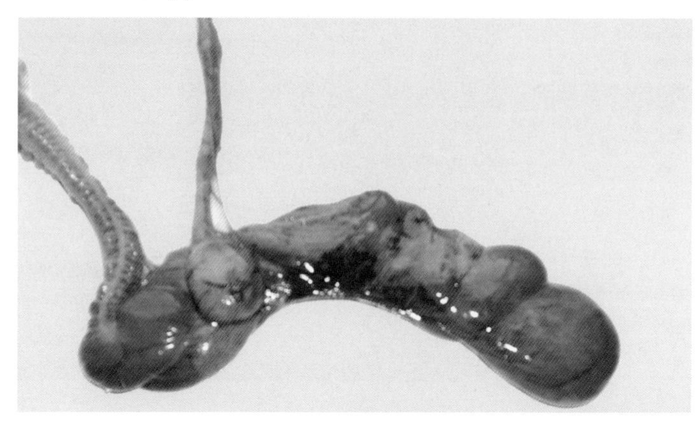

图 78-7 盲肠无蚓突
（薛帮群）

【防治措施】①防止近亲繁殖。认真检查母兔健康状况，发现疾病时要等治愈后才能配种。②按照国家相关标准使用药物，严禁使用违禁药物。

【诊疗注意事项】对患兔适时淘汰。

七十九、隐睾

隐睾或隐睾症是指公兔阴囊内缺少一个或两个睾丸。公兔出生后一段时间内睾丸应下降至阴囊内，而患兔却有一个或两个睾丸永久地位于腹股沟皮下或腹腔内。

【病因】不十分清楚，但明显有遗传倾向性。

【典型症状】临诊常见一侧隐睾（图79-1），双侧隐睾少见。将患兔仰卧保定，可见患侧阴囊塌陷、皮肤松软，而健侧阴囊突出，内含正常睾丸，左右侧明显不对称。

【诊断要点】触诊是确定隐睾的简单可靠的方法。

【防治措施】因隐睾公兔的生精能力下降或不能生精，故其不能作为种用，应适时淘汰。

【诊疗注意事项】诊断时要注意有的睾丸可能进入腹股沟内，此时如轻拍后臀，睾丸即可坠入阴囊。

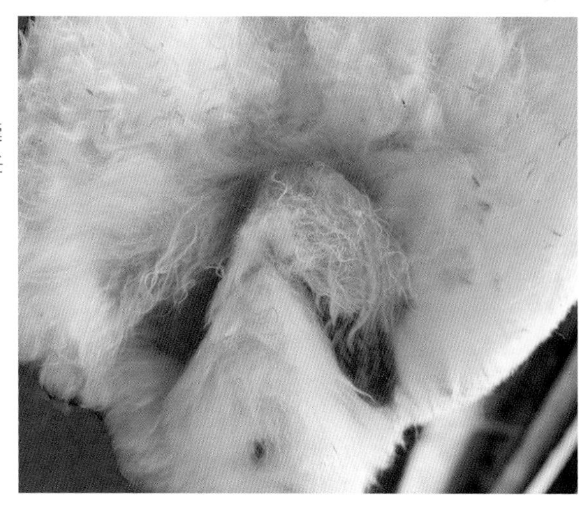

图79-1 隐 睾

左侧阴囊正常，右侧阴囊塌陷，阴囊内无睾丸。(任克良)

八十、缺毛症

缺毛症是指家兔缺乏生长绒毛能力的一种遗传性疾病。

【**病因**】有几种隐性基因都会阻止绒毛的生长，主要有f、ps-1和ps-2基因，其中以f基因最为常见，且对绒毛生长阻碍作用最大。

【**典型症状**】患兔仅在头部、四肢和尾部有正常的被毛生长，而躯体部只长有稀疏的粗毛，缺乏绒毛（图80-1）。同窝其他仔兔缺毛症的发病率也较高。

图80-1 缺毛症

躯体部无绒毛生长，只有少量粗毛，仅在头部、四肢和尾部有浓密的正常被毛覆盖。(任克良)

【防治措施】适时出栏，不宜作种用。

【诊疗注意事项】注意与食毛兔区别，食毛兔的病变部粗毛、绒毛均被啃掉。

八十一、开张腿

开张腿又称八字腿，是指兔的一条或全部腿缺乏内收力的站立状态。

【病因】开张腿是一种描述症状的术语，其本质包括脊髓空洞症、盆骨发育不良，股骨脱臼和遗传性前肢远端弯曲等。除遗传因素（如近交繁殖）外，兔笼过小或笼底竹板方向与笼门平行所致。

【典型症状】患兔不能把一条腿或所有腿收到腹下，行走时姿势像“划水”一样，无力站起，总以腹部着地躺着（图81-1）。症状轻者可做短距离的滑行，病情较重时则引起瘫痪，患兔采食量大，但增重慢。

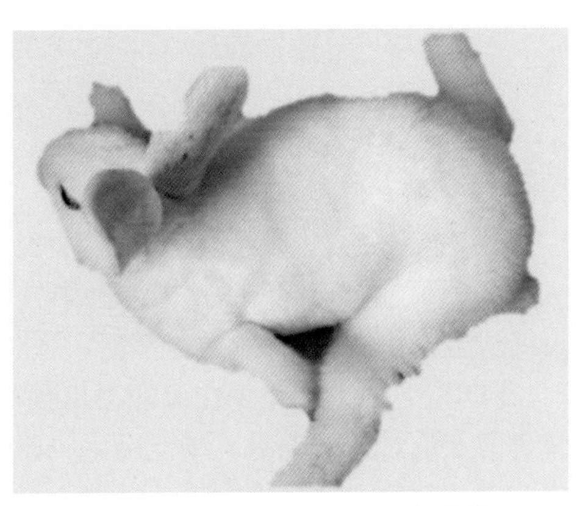

图81-1　四肢向外伸展，腹部着地
（任克良）

【诊断要点】根据典型症状即可做出诊断。

【防治措施】①避免近交繁殖。②兔笼底竹板方向应与笼门相垂直，兔笼面积不宜太小。③淘汰患兔。如病情轻微，可在笼底垫以塑料网，可控制疾病的发展。

八十二、白内障

白内障，也称晶状体浑浊，是指晶状体及其囊膜发生浑浊而引起视力障碍的一种眼病。

【病因】先天性白内障与遗传有关，第1型由单个隐性基因(*Cat*-1)

遗传控制，兔出生时两侧眼的晶体后壁呈现轻微的浑浊；第2型由基因(*Cat* -2)遗传控制，40%～60%不完全显性的外显率，多为单侧眼发病。后天性白内障是因晶状体代谢紊乱或受炎性渗出物、毒素影响所致，一般见于老龄兔，或继发于角膜穿透伤、视网膜炎等。

【典型症状与病变】在角膜正常的情况下，可见瞳孔区出现云雾状或均匀一致的灰白色浑浊（图82-1），视力减退或丧失。有些后天性白内障常伴有角膜浑浊，难以观察到浑浊的晶状体。

图82-1　角膜正常，瞳孔区内有淡云雾状浑浊
（任克良）

【诊断要点】从本病的特征表现——浑浊仅限于瞳孔区内，即可确诊。

【防治措施】对先天性白内障家兔，让其采食干草有利于缓解病情的发展，勿饲喂含水分多的饲料。适时淘汰。患病的兔不留作种兔。

【诊疗注意事项】要注意将本病与角膜浑浊鉴别。

八十三、中暑

中暑又称日射病或热射病，是家兔因气温过高或烈日暴晒所致的中枢神经系统机能紊乱的一种疾病。家兔汗腺不发达，体表散热慢，极易发生本病。

【病因】①气温持续升高，兔舍通风不良，兔笼内密度过大，散热慢。②炎热季节长途运输兔群，车、船等装载过于拥挤，中途又缺乏饮水。③露天兔舍，遮光设备不完善，兔体长时间受烈日暴晒。

【典型症状与病变】据试验，在35℃条件下，家兔在不到一个小时即可出现中暑表现。病初患兔精神不振、食欲减少甚至废绝，体温升高。用手触摸全身有灼热感。呼吸加快，结膜潮红（图83-1），口腔、鼻腔和眼结膜充血，鼻孔周围湿润。卧地，行走举步不稳，摇晃不定（图83-2）。病情严重时，呼吸困难，耳静脉瘀血（图83-3），黏膜发绀，从口腔和鼻中流出带血色的液体。病兔常伸腿伏卧，头前伸，下颌着地，四肢间歇性震颤或抽搐，直至死亡。有时则突然虚脱、昏倒，呈现痉挛而迅速死亡。剖检可见胸腺出血，肺部瘀血、水肿，心脏充血、出血，腹腔内有纤维素漏出，肠系膜血管瘀血，肠壁、脑部血管充血（图83-4至图83-9）。触摸腹腔内器官有灼烧感。

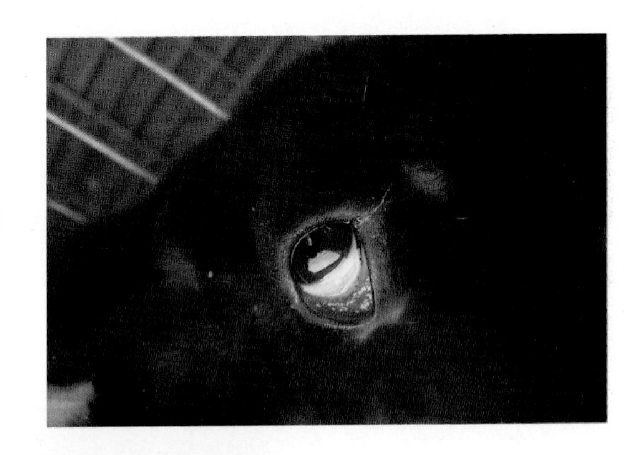

图83-1　中　暑

结膜充血、潮红。（任克良）

图83-2　中　暑

卧地，呼吸迫促，鼻孔周围湿润。（任克良）

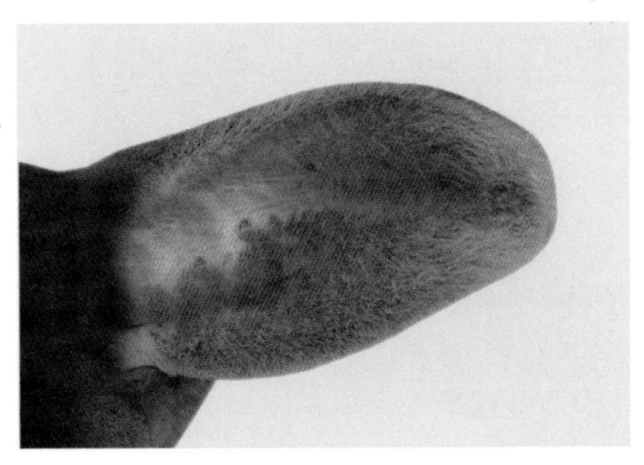

图83-3　耳静脉瘀血
（任克良）

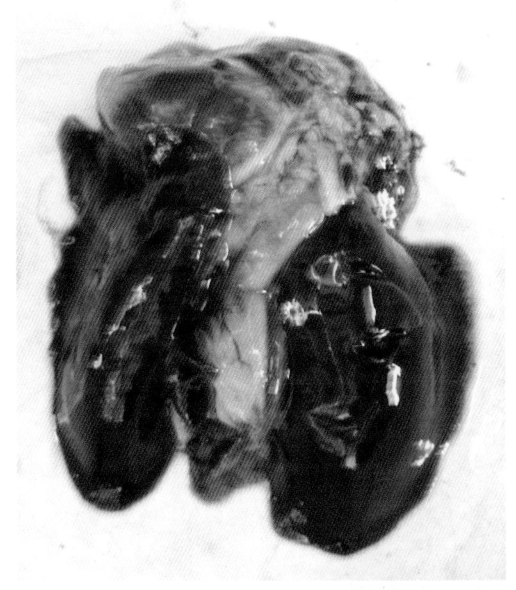

图83-4　肺瘀血、水肿，呈暗红色
（任克良）

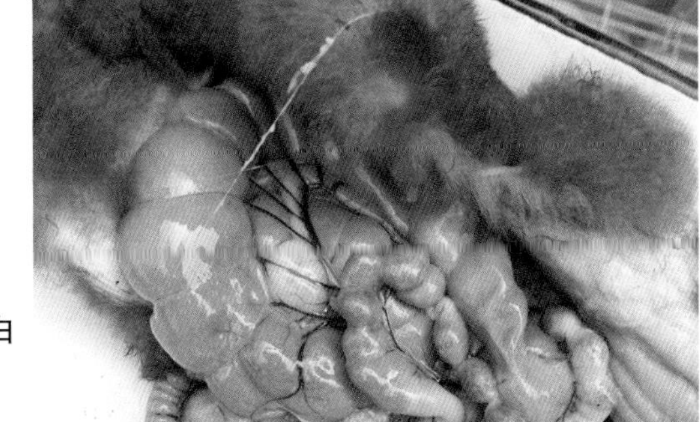

图83-5　腹腔内有纤维蛋白渗出
（任克良）

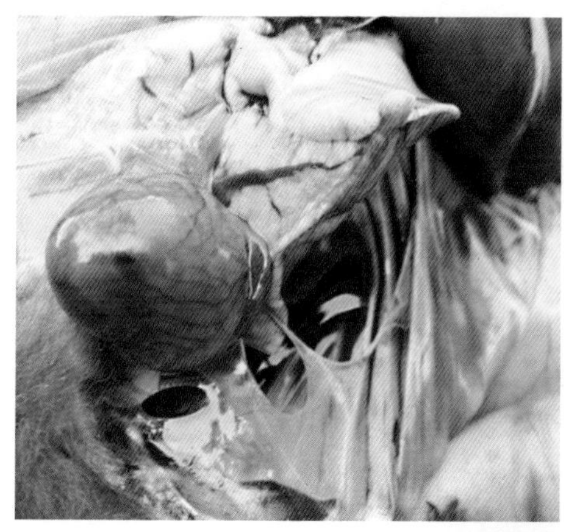

图83-6　心外膜血管明显扩张，并有出血斑点
（任克良）

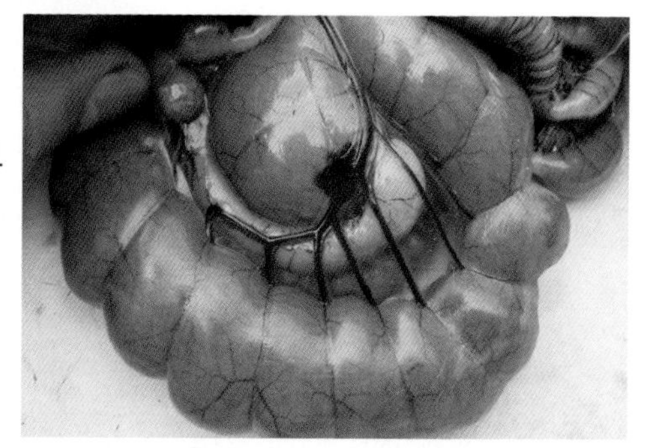

图83-7　大肠壁血管充血、出血
（任克良）

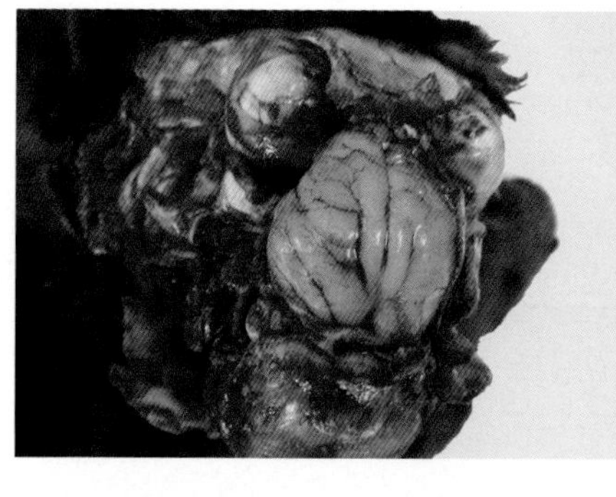

图83-8　脑血管充血
（任克良）

【诊断要点】长毛兔、獭兔、怀孕兔易发。根据长时间高温环境及典型症状与病变可做出诊断。

【防治措施】当气温超过35℃时，通过打开通风设备、用冷水喷洒地面、降低饲养密度等措施，以增加兔舍通风量，降低舍温。露天兔舍应加设遮阳棚。

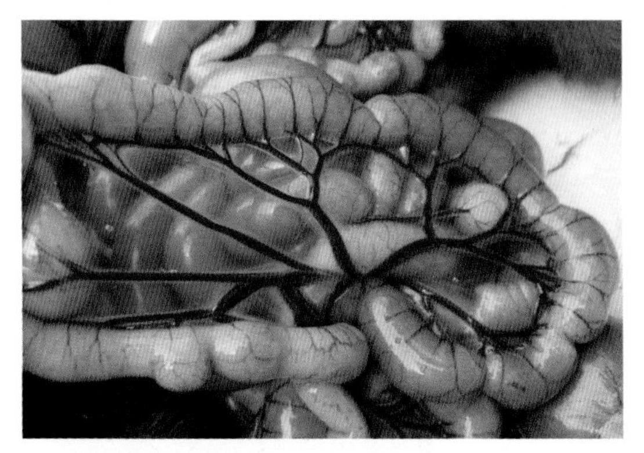

图83-9 肠系膜和肠壁血管怒张充血，肠袢有少量纤维素附着（任克良）

治疗：首先将病兔置于阴凉通风处，可用电风扇微风降温，或在头部、体躯上敷以冷水浸湿的毛巾或冰块，每隔数分钟更换一次，加速体热散发。药物治疗，可用十滴水2 ~ 3滴，加温水灌服，或仁丹2 ~ 3粒。用20%甘露醇注射液，或25%山梨醇注射液，每次10 ~ 30毫升，静脉注射。对于有抽搐症状的病兔，用2.5%盐酸氯丙嗪注射液，每千克体重0.5 ~ 1.0毫升，肌内注射。

八十四、结膜炎

结膜炎是指眼睑结膜、眼球结膜的炎症性疾病。在规模兔场较为常见。

【病因】①机械性因素，如灰尘、沙土或草屑等异物进入眼中，眼睑外伤，寄生虫的寄生等。②理化因素，如兔舍密闭，饲养密度大，粪尿不及时清除，通风条件不好，致使兔舍内空气污浊，氨气、硫化氢等有害气体刺激兔眼；化学消毒剂、强光直射及高温的刺激。③日粮中缺乏维生素A，感染巴氏杆菌等。

【典型症状与病变】病初，结膜轻度潮红，眼睑肿胀，流出少量浆液性分泌物。随后则流出大量黏液性白色分泌物、眼睑闭合，下眼睑及两颊被毛湿润或脱落，眼多有痒感（图84-1、图84-2）。如不及时治疗，常发展为化脓性结膜炎，眼睑结膜严重充血、肿胀，从眼中排出或在结膜囊内积聚多量白色脓性分泌物，上下眼睑无法睁开（图84-3）。如炎症侵害角膜，可引起角膜浑浊，溃疡，甚至造成家兔失明。

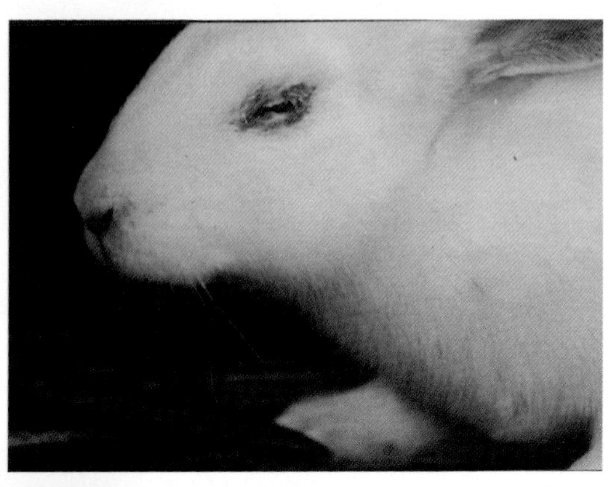

图84-1　结膜炎

眼睑肿胀，并附有白色黏液性分泌物，上下眼睑闭合。（任克良）

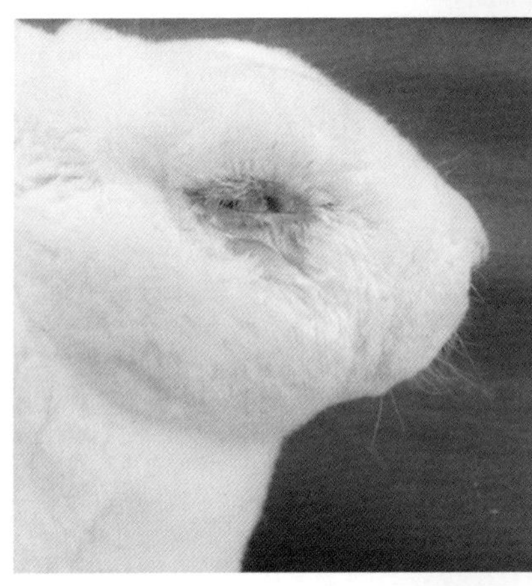

图84-2　结膜炎

结膜炎长期不愈，眼眶下被毛脱落。（任克良）

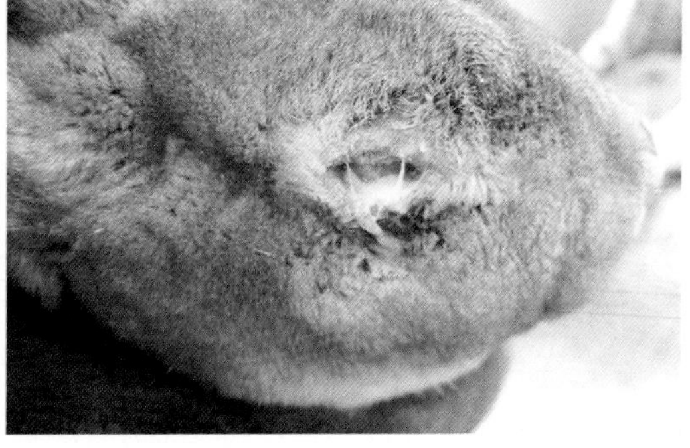

图84-3　结膜炎

结膜囊中充满大量白色脓性分泌物。（任克良）

【诊断要点】根据眼的症状和病变可做出诊断。

【防治措施】保持兔舍，兔笼清洁卫生，及时清除粪尿，增加通风量。用化学药物消毒时要注意消毒剂的浓度及消毒时间，防止有害气体对兔眼的刺激。避免阳光直射。经常喂给富含维生素A的饲料，如胡萝卜、青草等。及时治疗巴氏杆菌病等。

治疗：首先要消除病因，用无刺激的防腐、消毒、收敛药液清洗患眼，如2%～3%硼酸溶液，0.01%呋喃西林等。清洗之后选用抗菌消炎药物滴眼或涂敷，如0.5%金霉素眼药水，0.5%土霉素眼膏，四环素考的松眼膏，0.5%氢化考的松眼药水，10%磺胺醋酰钠溶液等。分泌物过多时，可用0.25%硫酸锌眼药水。为了镇痛，可用1%～3%普鲁卡因溶液滴眼。重者可同时进行全身治疗如应用抗生素或磺胺药物。

【诊疗注意事项】注意非传染性结膜炎与传染性结膜炎的鉴别。在传染病伴发的结膜炎，应同时对原发病进行治疗。

八十五、角膜炎

角膜炎主要是指角膜的病变，以角膜浑浊、溃疡或穿孔，角膜周边形成新生血管为特征。

【病因】机械性损伤、眼球突出或泪腺缺乏等，是引起浅表性角膜炎或溃疡性角膜炎的主要原因。

【典型症状与病变】浅表性角膜炎早期，患眼羞明，角膜上皮缺损或浑浊（图85-1、图85-2），有少量浆液黏液性分泌物；若治疗不当或继发细菌感染，容易形成溃疡即溃疡性角膜炎（图85-3）。角膜缺损或溃疡恶化，常表现为后弹力层膨出（图85-4），进而可发展为角膜穿孔和虹膜前粘连，以至于视力丧失。间质性角膜炎大多呈深在性弥漫性浑浊，透明性呈不同程度降低。

【诊断要点】浅表性角膜炎和溃疡性角膜炎症状典型，容易诊断。

【防治措施】对浅表性角膜炎（无明显角膜损伤），可用复方新霉素眼药水等滴眼，每天滴眼3～4次；对于角膜损伤或溃疡，可用四环素醋酸可的松眼膏滴眼，每天2～3次。半胱氨酸滴眼液配合滴眼。

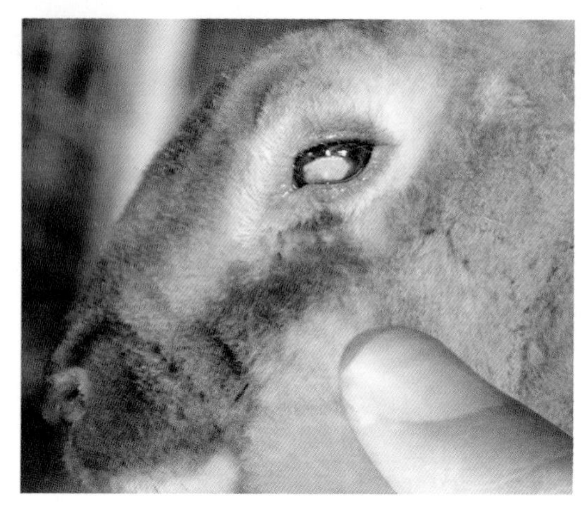

图85-1　浅表性角膜炎

左眼角膜浅表性炎症。(任克良)

图85-2　角膜白斑

(任克良)

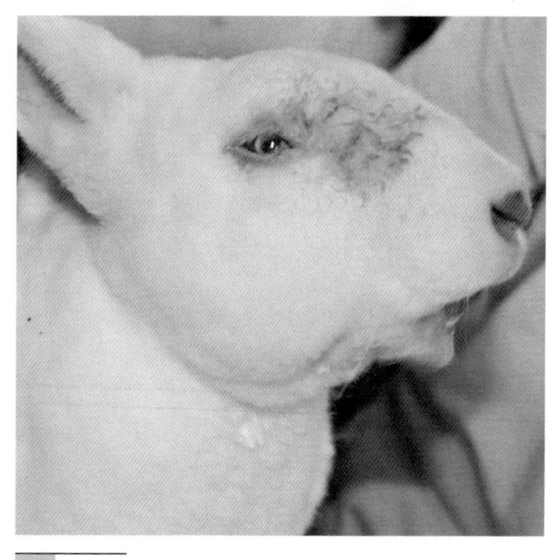

图85-3　溃疡性角膜炎

右眼呈典型溃疡性角膜炎。(任克良)

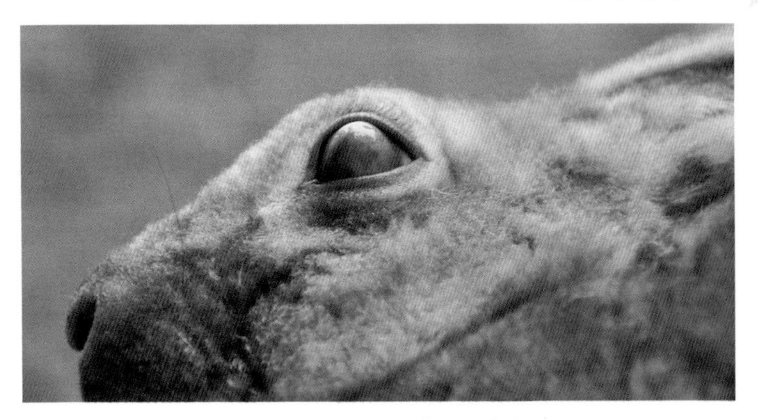

图85-4　患兔眼后弹力层膨出

左眼后弹力层呈膨出状。(任克良)

对于间质性角膜炎，要分析病因和采取针对性疗法。

【诊疗注意事项】诊断时要注意浅表性角膜炎和间质性角膜炎的区别。浅表性角膜炎因表面浑浊而失去透明层；间质性角膜炎一般少见眼分泌物，从患眼侧面视诊，可见角膜表面被有完整上皮与泪腺构成的透明层。两者病因不同，正确地鉴别有助于合理治疗。对于角膜缺失或溃疡的病例，禁用含皮质类固醇的眼药水，因其影响角膜上皮和基质再生，不利于愈合，容易引起角膜穿孔。

八十六、湿性皮炎

湿性皮炎是皮肤长期潮湿并继发细菌感染而引起的多种皮肤炎症。

【病因】下颌、颈下、肛门或后肢等部皮肤当长期潮湿并继发多种细菌感染后即可引起皮肤的炎症。口腔疾病流涎、饮水器位置偏低使兔体长时间靠在其上以及长期腹泻等，都可造成局部皮肤潮湿，从而为细菌的继发感染和繁殖创造了条件。

【典型症状与病变】患部皮肤发炎，呈现脱毛、糜烂、溃疡甚至组织坏死以及皮肤颜色的变化等（图86-1）。潮湿部可继发多种细菌，常见的为绿脓杆菌、坏死杆菌，如为前者，局部被毛可呈绿色，故有人称为“绿毛病”（图86-2、图86-3）。如为坏死杆菌感染，皮肤与皮下组织

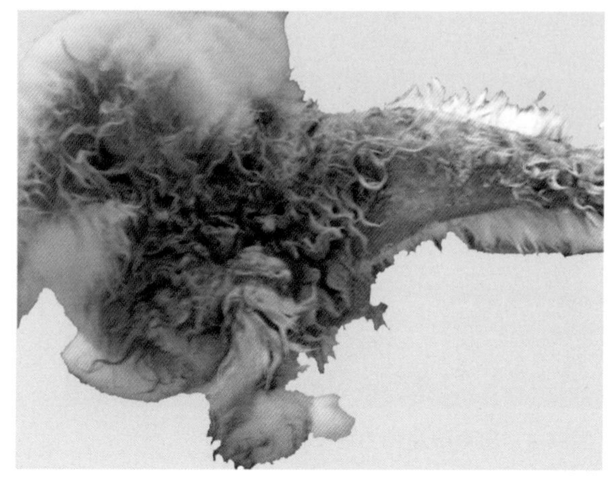

图86-1 局部潮湿、脱毛、发红，进而引起组织坏死（任克良）

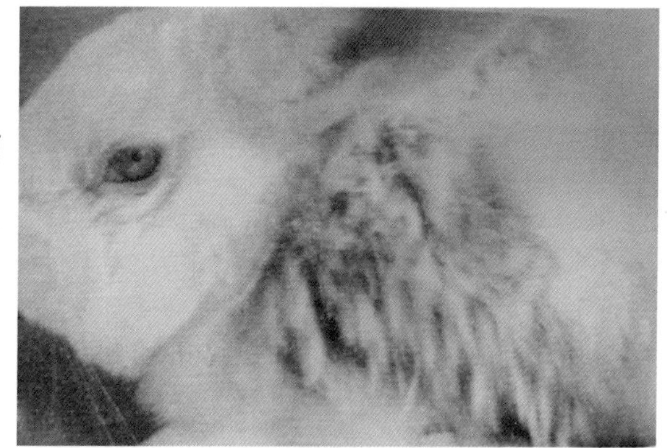

图86-2 肩部被毛潮湿，感染绿脓杆菌呈绿色（西班牙HIPRA,S.A实验室）

图86-3 下颌部被毛潮湿，感染绿脓杆菌呈绿色（任克良）

发生坏死，常呈污褐色甚至黑褐色，严重时可因败血症或脓毒败血症而死亡。

【诊断要点】根据局部病变一般可做诊断。

【防治措施】及时治疗口腔、牙齿疾病。根据兔的大小，饮水器位置要适当，不能过低。笼内要保持清洁、干燥。常换产仔箱垫草。及时治疗腹泻病。

治疗：先剪去患部被毛，用0.1%新洁尔灭洗净，局部涂擦四环素软膏，10 ～ 14 天为一疗程。或剪毛后用3%双氧水清洗消毒后涂擦碘酒。如感染严重，需使用抗生素做全身治疗。

八十七、肠套叠

肠套叠是指在某些致病因素的刺激作用下，某段肠管蠕动异常增强并进入相邻段肠管，引起局部肠管阻塞和形态与机能变化的病理过程。

【病因】家兔采食冰冻饲料、冰块、受寒、感冒、惊恐、肠道异物或肿瘤等刺激，以及发生其他疾病（如兔瘟等）时，都可引起肠套叠的发生。

【典型症状与病变】肠套叠一旦发生，会突然出现剧烈腹痛症状，表现不安，起卧，打滚，呼吸困难，脉搏加快，并迅速继发胃肠臌气，最后精神沉郁。可能排黏性血便。触诊时感觉到腹肌紧张，套叠段肠管硬实、敏感、疼痛。剖检可见套叠部肠段瘀血、紫红、肿胀、有出血点，有炎症变化（图87-1至图87-3）。套叠消化道前段臌气、充满食糜。

【诊断要点】生前根据典型症状和触诊一般可做出诊断，结合剖检可做出确诊。

【防治措施】保持兔舍安静。冬季防止家兔吞食冷冻饲料和冰块，注意保暖。

治疗：以手术为主。病初肠管病变较轻时，可整复套叠段肠管后调理胃肠机能。病程稍长，套叠段肠管已坏死粘连而无法整复者，应将其截断并进行肠管吻合。因肿瘤或异物引起的，要同时摘除肿瘤和

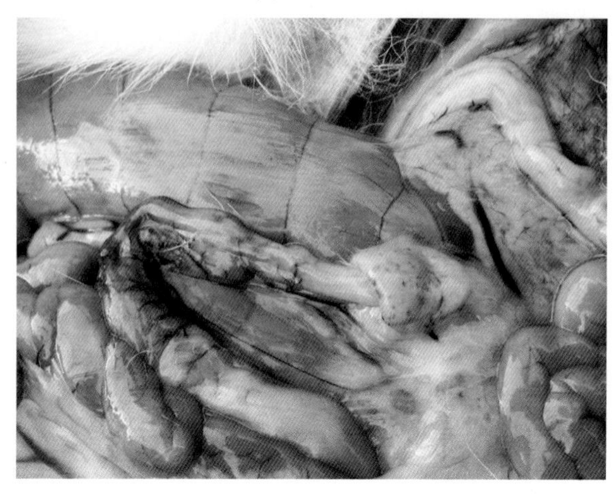

图87-1 小肠套叠处肠壁增厚，有出血点
（任克良）

图87-2 套叠段肠管增粗、质硬、瘀血
（任克良）

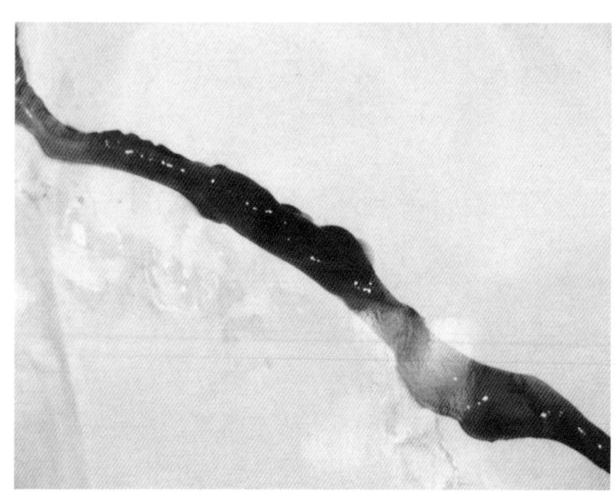

图87-3 刚修复后的原套叠部小肠，仍有瘀血、水肿病变
（任克良）

排除异物。术后应用抗生素治疗，连用3天，以防感染。

【诊疗注意事项】 生前易和其他肠变位的症状混淆，注意鉴别。

八十八、溃疡性脚皮炎

溃疡性脚皮炎是指家兔跖骨部的底面，以及掌骨、指骨部的侧面所发生的损伤性溃疡性皮炎。獭兔极易发生。

【病因】 笼底板粗糙、高低不平，金属底网铁丝太细、凹凸不平，兔舍过度潮湿均易引发本病。神经过敏，脚毛稀疏的成年兔、大型兔种较易发生。

【典型症状】 患兔食欲下降，体重减轻，驼背，呈踩高跷步样，四肢频频交换支持负重。跖骨部底面或掌部侧面皮肤上覆盖干燥硬痂或大小不等的局限性溃疡（图88-1至图88-3）。溃疡部可继发细菌感染，有时在痂皮下发生脓肿（多因金黄色葡萄球菌感染所致）。

【诊断要点】 獭兔易感，笼底制作不规范的兔群易发。后肢多发。有上述典型症状与病变。

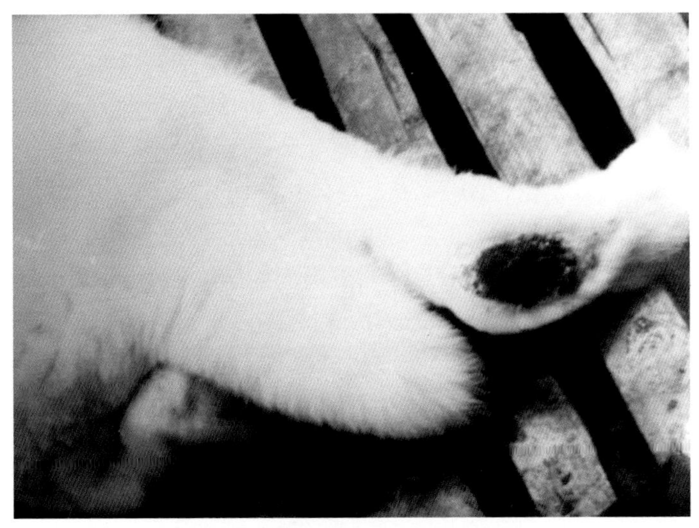

图88-1　跖骨部底面皮肤破溃并出血
（任克良）

图88-2　后肢跖骨部底面皮肤多处发生溃疡、结痂
（任克良）

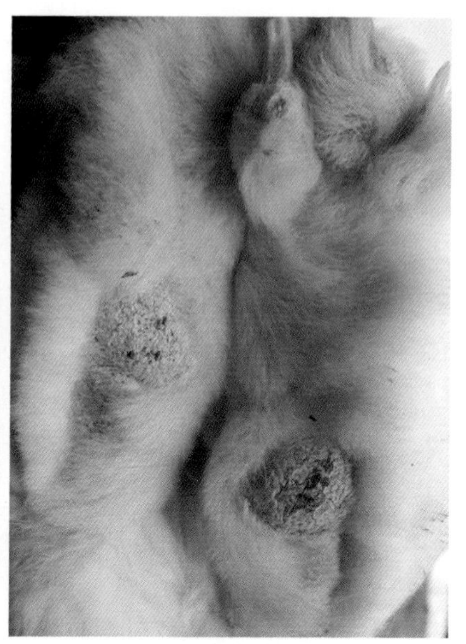

图88-3　前肢掌心皮肤发生溃疡、结痂
（任克良）

【防治措施】兔笼地板以竹板为好，笼地要平整，竹板上无钉头外露，笼内无锐利物等。保持兔笼、产箱内清洁、卫生、干燥。选择脚毛丰厚者作种用。

治疗：先将患兔放在铺有干燥、柔软的垫草或木板的笼内。治疗方法有：①用橡皮膏围病灶重复缠绕（尽量放松缠绕），然后用手轻握压，压实重叠橡皮膏，20 ～ 30天可自愈。②先用0.2%醋酸铝溶液冲洗患部，清除坏死组织，并涂擦15%氧化锌软膏或土霉素软膏。当溃疡开始愈后时，可涂擦5%龙胆紫溶液。如病变部形成脓肿，应按外科常规排脓后用抗菌药物进行治疗。

【诊疗注意事项】局部治疗应和全身治疗结合。

八十九、创伤性脊椎骨折

【病因】捕捉、保定方法不当，受惊乱窜或从高处跌落，以及长途运输等原因均可使腰椎骨折、腰荐脱位。

【典型症状与病发】后躯完全或部分突然运动麻痹，患兔拖着后肢行走（图89-1）。脊髓受损，肛门和膀胱括约肌失控，粪尿失禁，臀部被粪尿污染（图89-2）。轻微受损时，也可于较短的时间内恢复。剖检见脊椎某段受损断裂，局部有充血、出血、水肿和炎症等变化，膀胱因积尿而胀大（图89-3、图89-4）。

【诊断要点】突然发病，症状明显，剖检时间椎骨局部有明显病变，骨折常发生在第七椎体或第七腰椎后侧关节突。

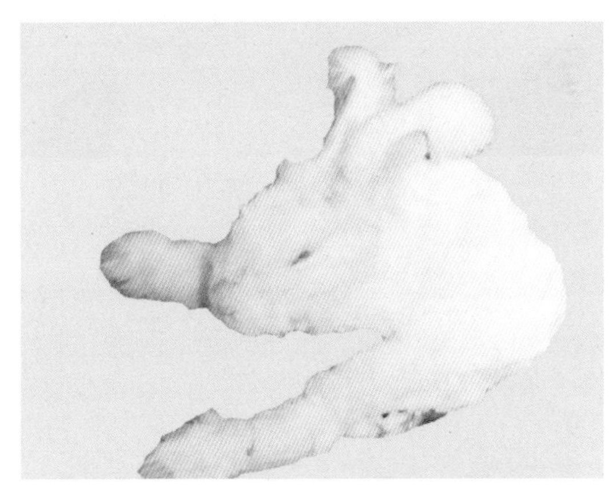

图89-1　后肢瘫痪，患兔拖着后肢行走
（任克良）

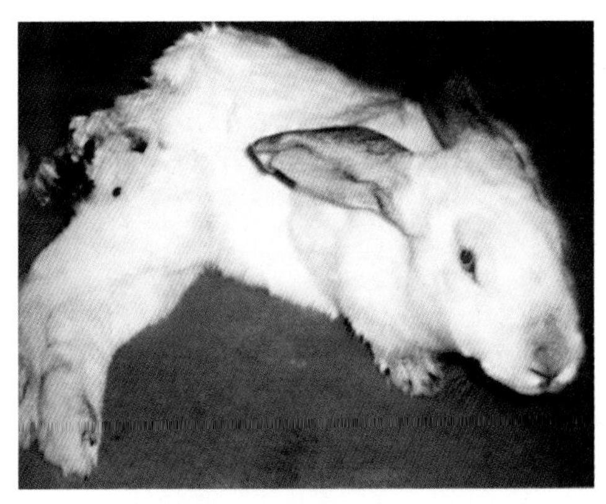

图89-2　脊髓受损，后肢瘫痪，粪尿失禁，沾污肛门周围被毛及后肢
（任克良）

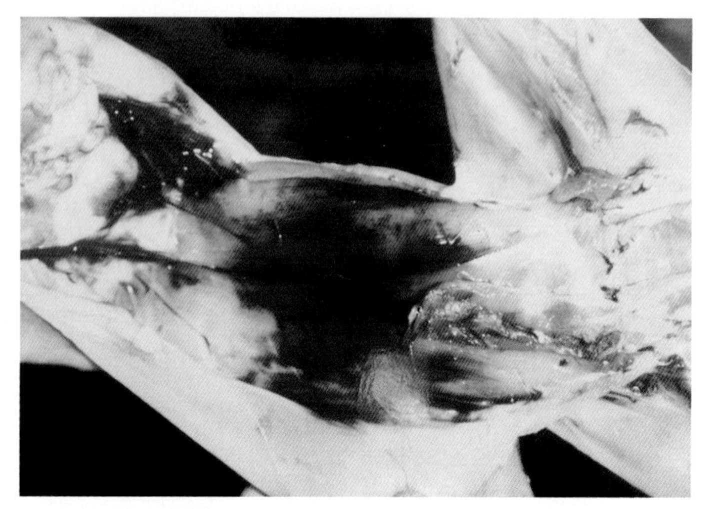

图89-3　腰椎骨折断，瘀血、出血
（任克良）

图89-4　腰椎骨折断处明显出血，膀胱积尿
（任克良）

【防治措施】本病无有效的治疗方法，以预防为主。①保持舍内安静，防止生人、其他动物（如犬、猫等）进入兔舍。②正确抓兔和保定兔，切忌抓腰部或提后肢。③关好笼门，防止兔从高层跌下。

九十、直肠脱与脱肛

直肠脱是指直肠后段全层脱出于肛门之外，若仅直肠后段黏膜突出于肛门外则称为脱肛。

【病因】 本病的主要原因是慢性便秘、长期腹泻、直肠炎及其他使兔经常努责的疾病。营养不良，年老体弱，长期患某些慢性消耗性疾病与某些维生素缺乏等是本病发生的诱因。

【典型症状与病变】 病初仅在排便后见少量直肠黏膜外翻，呈球状，紫红色或鲜红色（图90-1），但常能自行恢复。如进一步发展，脱出部不能自行恢复，且增多变大，使直肠全层脱出而成为直肠脱（图90-2）。直肠脱多呈棒状，黏膜组织水肿、瘀血，呈暗红色或青紫色，易出血。表面常附有兔毛、粪便和草屑等污物。随后黏膜坏死、结痂。严重者导致排粪困难，体温、食欲等均有明显变化，如不及时治疗可引起死亡。

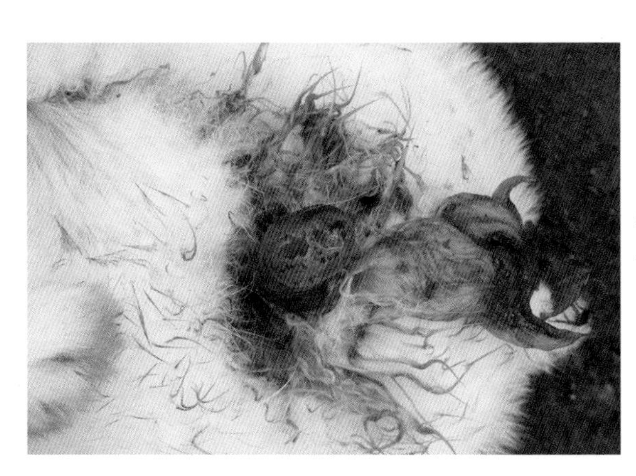

图90-1　脱　肛

直肠后段黏膜突出于肛门外，呈紫红色椭圆形，组织水肿，表面溃烂。(任克良)

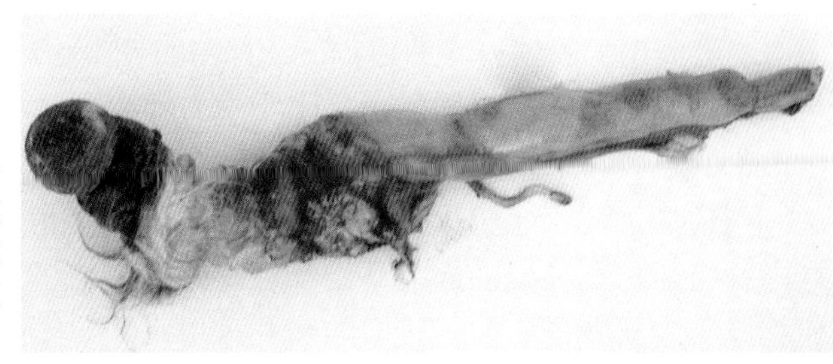

图90-2　直肠脱

轻度直肠脱，仅一段直肠脱出，呈暗红色短棒状。此图为离体的直肠和脱出的直肠。(任克良)

【诊断要点】根据症状和病变即可确诊。

【防治措施】加强饲养管理，适当增加光照和运动，保持兔舍清洁干燥，及时治疗消化系统疾病。

治疗：轻者，用0.1%新洁尔灭等清洗消毒后，提起后肢，由手指送入肛门复位。严重水肿，部分黏膜坏死时，清洗消毒后，小心除去坏死组织，轻轻整复。整复困难时，用注射针头刺水肿部，用浸有高渗液的温纱布包裹，并稍用力压挤出水肿液，再行整复。为防止再次脱出，整复后肛门周围做袋口缝合，但要注意松紧适度，以不影响排便为宜。为防止剧烈努责，可在肛门上方与尾椎之间注射1%盐酸普鲁卡因液3～5毫升。若脱出部坏死糜烂严重，无法整复，则行切除手术或淘汰。

【诊疗注意事项】治疗和修复后都应保持兔笼清洁和兔舍安静，以防感染和复发。

九十一、疝

疝也称疝气，包括多种疝，如腹壁疝、脐疝、阴囊疝等。疝是指腹腔脏器经脐孔、腹肌破孔、腹股沟管等进入脐部皮下、腹部皮下或阴囊中，形成局部性突起或使阴囊扩张。疝的内容物多为小肠或网膜等。

【病因】先天性脐部发育缺陷、胎儿出生后脐孔或腹股沟管闭合不全，或腹壁受到撞击使腹膜与腹壁肌肉破裂等，是发生疝的主要原因。

【典型症状与病变】病初在腹下或腹下侧壁出现扁平或半球形突起，用手触摸柔软（图91-1）。压迫突起部体积可显著缩小，同时可摸到皮下的疝气孔。脐疝位于脐孔部皮下（图91-2），阴囊疝则在阴囊。剖检或手术时可见，疝内为肠管、肠系膜或膀胱等脏器，有时这些脏器与疝孔周围的腹膜、腹肌或皮下结缔组织发生粘连。

【诊断要点】依据病史、典型症状、病变及触诊摸到疝孔，即可做出诊断。

【防治措施】本病应淘汰或实施手术治疗。手术的主要操作是分离疝内容物与疝孔缘及疝囊皮下结缔组织的紧密粘连、将瘢痕化的陈旧疝孔修剪为新鲜创伤面、较大的疝孔采用水平褥式缝合、剪除松弛的

图 91-1　腹壁疝

腹壁发生柔软半球形膨胀，其中为进入皮下的肠管。（任克良）

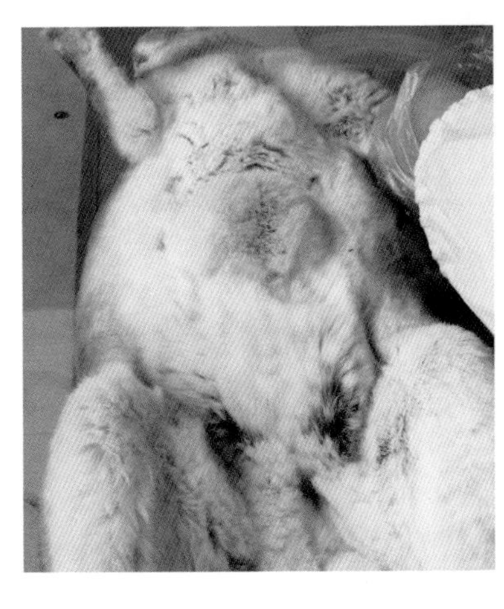

图 91-2　脐　疝

脐部皮肤形成球形肿胀，其中为进入皮下的小肠。（任克良）

疝囊皮肤后常规缝合皮肤切口。阴囊疝也可压迫法治疗。术后控制患兔采食量，以防发生便秘，减少运动。

【诊疗注意事项】兔腹壁较薄，手术时一定要用镊子提起皮肤后再切开，否则容易切破疝囊中的脏器。

九十二、耳血肿

耳血肿是指耳部皮下血管破裂，血液集聚在耳郭皮肤与耳软组织之间形成的肿块。血肿多发生在耳郭内侧，偶尔也可发生在外侧。

【病因】耳血肿多由耳郭受机械性损伤如提耳抓兔等操作不当，造成血管破裂所致。

【典型症状与病变】耳血肿一般发生于单侧耳郭，患耳因重量增加常下垂（图92-1）。耳郭局部隆起，与周边界限明显（图92-2），中心软，无触痛，但有灼热感和弹性。用注射器可从肿块中抽出红色或黄红色液体（图92-3）。全身症状不明显。

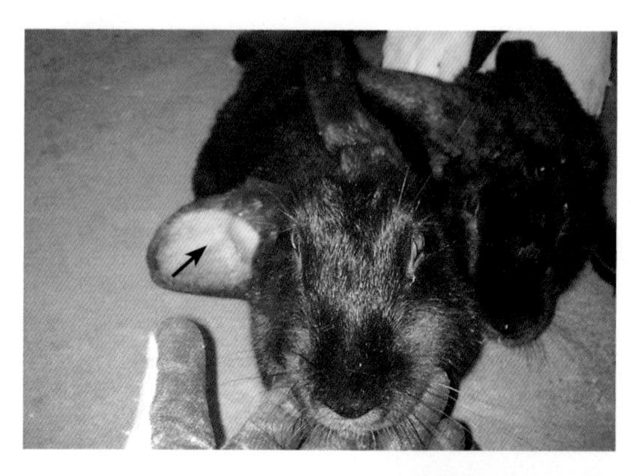

图92-1　耳血肿（↑）

右侧患耳下垂，其内侧皮下见一肿块。（任克良）

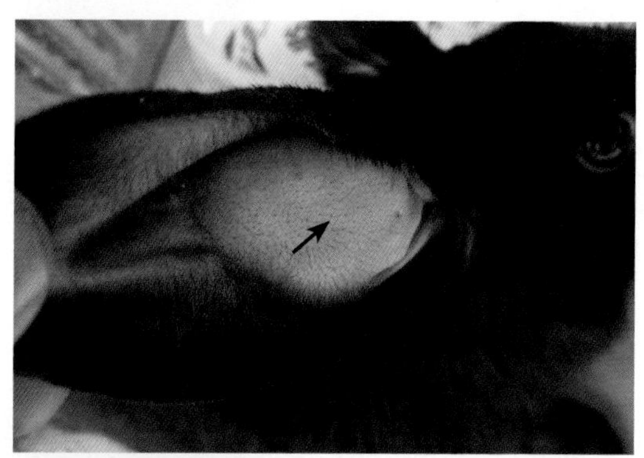

图92-2　耳血肿（↑）

耳郭内侧皮下形成界限明显的肿块。（任克良）

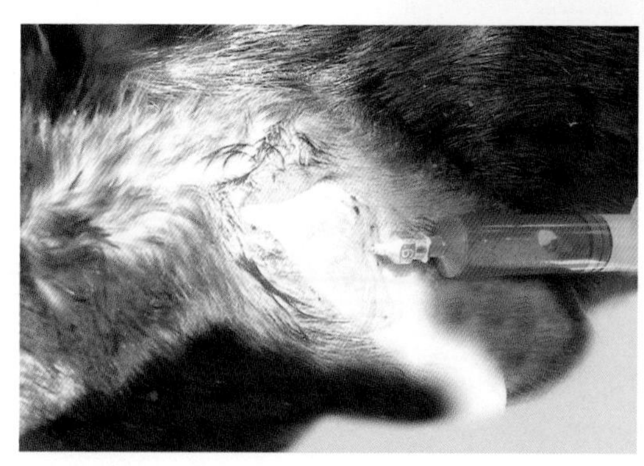

图92-3　耳血肿

肿块内可抽出红色液体。（任克良）

【诊断要点】本病可根据耳郭症状和病变做出诊断。

【防治措施】严禁提耳抓兔。防止耳部受外力损伤。

治疗：先用16号针头注射器抽出耳郭血肿内的液体，然后用强的松龙1毫升、青霉素20万单位，注射用水2毫升，混合后局部封闭，隔日一次，一般三次即可治愈。

【诊疗注意事项】小的耳血肿一般不需要治疗，由其自然吸收。

九十三、外伤

外伤是家兔组织或器官因外界机械力作用引起的损伤。

【病因】兔笼内、运动场锐利物刺破兔体；家兔相互咬斗致伤；饲养管理不当造成砸伤、刺伤、剪伤等。

【典型症状与病变】外伤可发生在躯体的任何部位，因致病原因和损伤程度不同而有一定的差异。一般具有创口、出血、疼痛和机能障碍等局部症状（图93-1），严重的伴有全身症状，如精神沉郁、体温升高、食欲减退、贫血和休克等。如外伤被细菌感染，创口化脓，周围皮肤肿胀(图93-2)。严重的化脓性感染可因局部病理产物被吸收而发生败血症，易致患兔死亡。

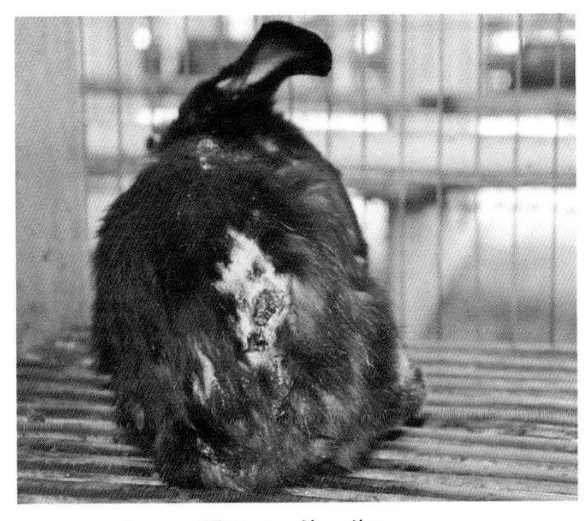

图93-1　外　伤
（任克良）

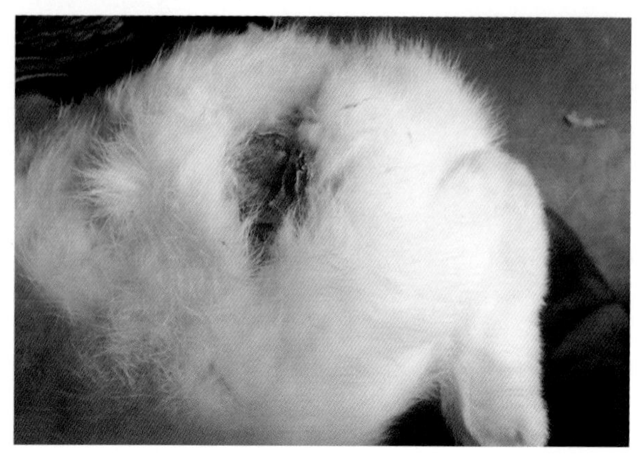

图93-2　伤口化脓
（任克良）

【诊断要点】根据临床表现即可诊断。

【防治措施】清除笼内、运动场锐利物，产仔箱出入口、笼地板不露钉头。3月龄以上兔要隔离饲养。防止家兔间咬斗。剪毛要仔细，防止剪破皮肤、乳头等。兔一旦有外伤，要及时治疗。

治疗：轻度外伤，可清洗患部后涂2%～3%碘酊。重度外伤或已化脓，则应局部剪毛，用0.1%的高锰酸钾或3%双氧水或2%硼酸等洗净伤口，然后撒上消炎粉或涂上消炎软膏，用纱布或绷带包扎。创伤较大者，必要时应缝合伤口。

【诊疗注意事项】伤口小而深或污染严重时，及时注射破伤风抗毒素。

九十四、骨折

兔的骨折往往是四肢骨受到损伤的一种外科病。骨折一般分为开放性和非开放性两种。

【病因】①笼底板制作不规范（间隔太宽、前后宽窄不一致等），致使肢体落入笼底隙缝，挣扎致骨折。②捕捉或从高层兔笼坠落。③运输途中受伤或患骨软症，也易造成骨折。

【典型症状与病变】一般突然发生。四肢发生骨折后，不能正常行走，甚至前进时拖地而行，骨折部检查时有异常活动感，触诊疼痛，挣扎尖叫，局部明显肿胀（图94-1）。有的骨折断端刺破皮肤露出皮外，并有血液从破口流出（图94-2）。

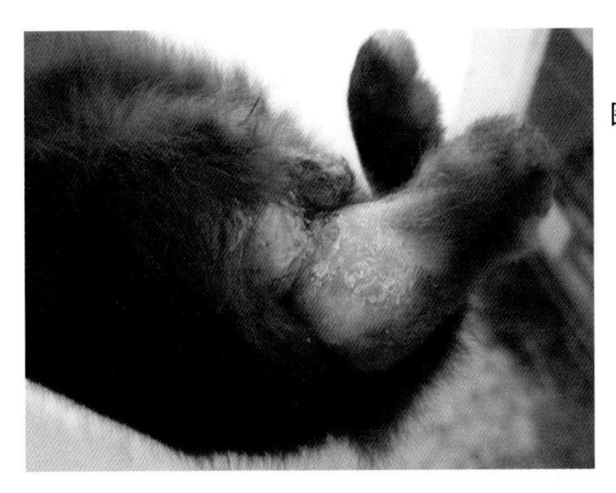

图94-1　骨　折
骨折断端肿胀。（任克良）

图94-2　骨折断端组织坏死
（任克良）

【诊断要点】根据症状和检查结果即可做出诊断。

【防治措施】制作兔笼底板要规范，间隙1.0～1.2厘米，前后缝隙宽度一致。运输途中要注意不能让兔脚伸出笼外，以免因挣扎造成骨折。日常要关好笼门，防止家兔从高层掉下。

治疗：①对非开放性骨折，应使家兔安静，必要时给以止痛镇静药。在骨折部位涂擦10%樟脑酒精后，将骨折两断端对接准确，用棉花包裹患肢，外包纱布，而后以长度适合的木片（一般长度应超过骨折部的上下关节。木片不能超过包裹的棉花，以免木片两端摩擦皮肤，造成损伤）和绷带包扎固定，3～4周后拆除。②对开放性骨折，在包扎前用消毒液清洗，撒布青霉素、磺胺结晶（1 ∶ 2），覆小块敷料，再按非开放性骨折的方法固定患肢，每天应注射青霉素，以防止感染。

对于已达出栏体重标准的骨折兔淘汰处理。

九十五、脓肿

脓肿是家兔临床上十分常见的疾病之一，主要由外伤感染、败血症在器官内的转移以及感染的直接蔓延等引起，以皮下或实质脏器化脓性包囊和皮肤溃疡为特征。

【病因】皮下脓肿及溃疡多因外伤后病原菌感染，在侵入部位大量繁殖，形成由结缔组织包裹的囊肿，当囊肿软化破溃时则形成皮肤溃疡，并通过流出的脓汁感染邻近组织。器官的脓肿则与细菌的血源性转移有关。引起脓肿的病原菌有：金黄色葡萄球菌、溶血性链球菌、多杀性巴氏杆菌、支气管败血波氏杆菌、绿脓杆菌、坏死杆菌等。

【典型症状与病变】脓肿可发生在任何部位，大小不一(图95-1至图95-3)，触诊疼痛，局部温度增高，初期较硬，后期柔软，有波动，若脓肿破溃，则流出脓汁。对于器官内的脓肿，临床上观察不到明显的症状，只能通过触诊或因败血症而急性死亡后剖检方能看到，脓肿

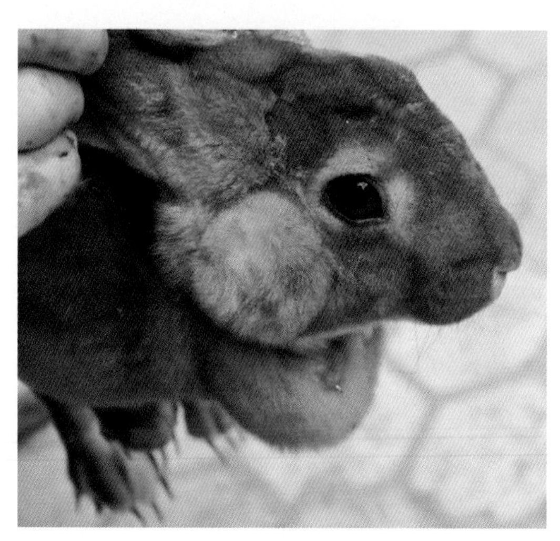

图95-1　耳朵下方有一脓肿
（任克良）

多发生在肺脏、胸腔、腹腔、肝脏、肾脏和生殖器官等部位(图95-4至图95-7)。

图95-2 颈部皮下注射疫苗部位因感染形成的脓肿
(任克良)

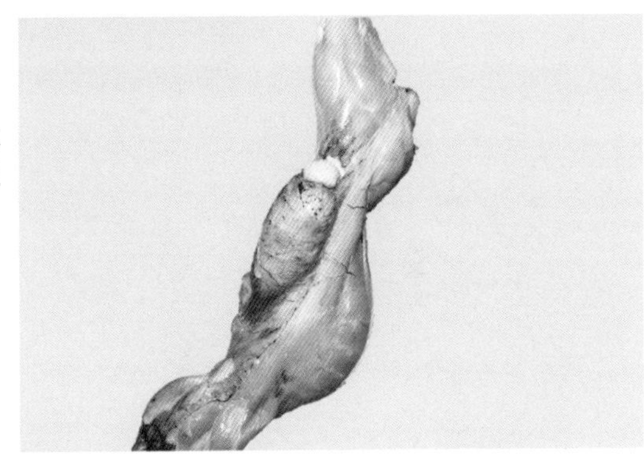

图95-3 腹部右侧有一大脓肿，脓汁呈豆腐渣样
(任克良)

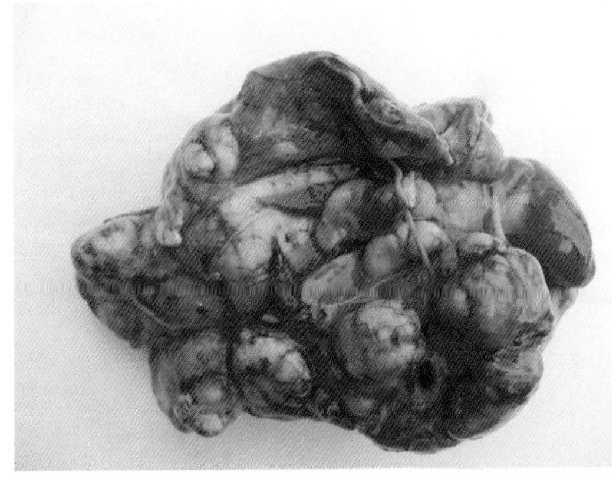

图95-4 肺脏形成大小不等、数量较多的脓肿
(任克良)

图 95-5　腹腔内直径达10厘米的脓肿
（任克良）

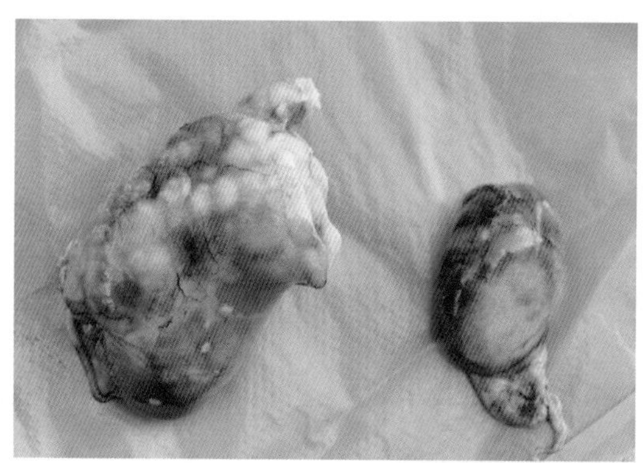

图 95-6　肾脏上的脓肿
（任克良）

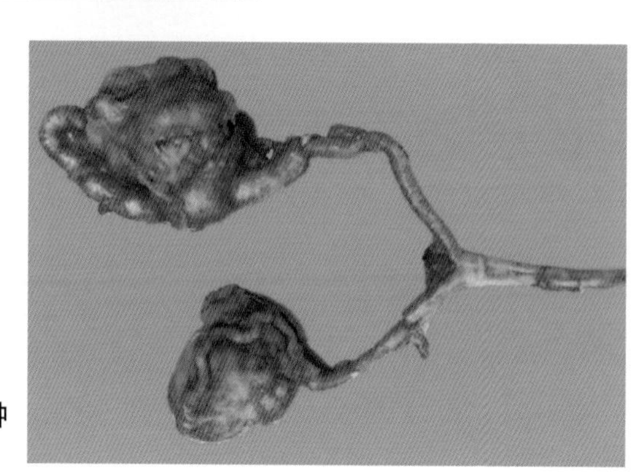

图 95-7　卵巢中的脓肿
（任克良）

脓肿所在的实质器官的种类、位置、脓肿内脓汁的颜色、气味等因感染菌的不同而各异。金黄色葡萄球菌多为奶油样白色脓汁；坏死杆菌引起的脓肿及组织有特殊的臭味；绿脓杆菌在肺部和内脏器官形成脓疱时，脓灶包膜和脓汁的颜色均呈淡绿色或褐色，而且具有芳香气味。

【诊断要点】皮下脓肿可通过皮下出现圆形肿物，中心柔软特征而确定。器官内脓肿主要通过死后剖检而确认。

【防治措施】加强饲养管理，消除兔笼内引起外伤的原因，保持兔舍清洁卫生是预防的关键。

化脓创、脓肿、皮肤坏死等可施以外科疗法，患部用3%龙胆紫、石炭酸溶液等涂擦。同时配合全身用药，所用的药物因不同的病原而定(参见本书相关疾病)。

【诊疗注意事项】注意脓肿与肿瘤、寄生虫病的鉴别，方法为：脓肿的内容物可以用注射器抽出，而肿瘤和寄生虫则不能。

九十六、冻伤

冻伤是因环境低温的致病作用引起体表组织的病理损伤。

【病因】气候严寒，兔舍、兔笼保温不良，易造成家兔的冻伤，露天饲养的兔更易发生。湿度大，饥饿，体弱，幼小，运动量小等均可促使本病发生。

【典型症状与病变】青年兔、成年兔的冻伤多发生于耳部与足部。一度冻伤表现为局部皮肤肿胀、发红和疼痛；二度冻伤时，局部形成充满透明液体的水疱，水疱破裂形成溃疡，溃疡愈合后遗留瘢痕；三度冻伤时，局部组织干涸、皱缩以致坏死而脱落（图96-1）。病兔食欲下降，生长缓慢，种兔繁殖性能也受到影响。哺乳仔兔在产箱外受冻后，全身皮肤发红、发绀，迅速死亡。

【诊断要点】根据兔舍温度低和病变发生部位的特征，即可做出诊断。

【防治措施】冬季要做好兔舍保温工作。密切注意当地气候变化，突然降温来临之前，做好防寒工作，可用草帘或棉布帘挡住兔舍门、窗。

图96-1 冻 伤

兔耳尖因严重冻伤而发生坏死。(任克良)

治疗时要及时把冻伤家兔转移到温暖的地方，先用8 ~ 16℃温水浸泡冻伤部位，局部干燥后，涂擦猪油或其他油脂。对肿胀的，用1%樟脑软膏涂抹。对于二度冻伤，在水疱基部做较小的切口，放出液体，然后涂擦紫药水或2%煌绿酒精溶液。对于三度冻伤，将冻伤坏死组织清除掉，用0.1%高锰酸钾水溶液或2%硼酸水清洗，撒一些青霉素粉或涂擦1%碘甘油。严重时全身可应用抗生素、葡萄糖、维生素B_1。

九十七、子宫腺癌

子宫腺癌是家兔较重要的恶性肿瘤之一，癌组织起源于子宫黏膜的腺上皮。

【病因】可能有多种原因，包括各种因素造成的内分泌紊乱等。本病的发生与母兔的经产程度无关，主要与年龄相关。

【典型症状与病变】多发生于4岁以上的老龄兔。病初很少表现临诊症状，以后出现慢性消瘦和繁殖障碍，如受胎率下降，窝产仔数减少，死胎增多，母兔弃仔，难产，整窝胎儿潴留在子宫内，宫外孕，胎儿在子宫内被吸收等。腹部触诊可摸到大小不等的肿块，其直径1 ~ 5厘米或更大。剖检见子宫黏膜有一个或数个大小不等的肿瘤。瘤体多呈圆形，淡红或灰红色，质地坚实（图97-1左），后期可在肺、肾上等其他脏器看到转移性的肿瘤（图97-1右）。

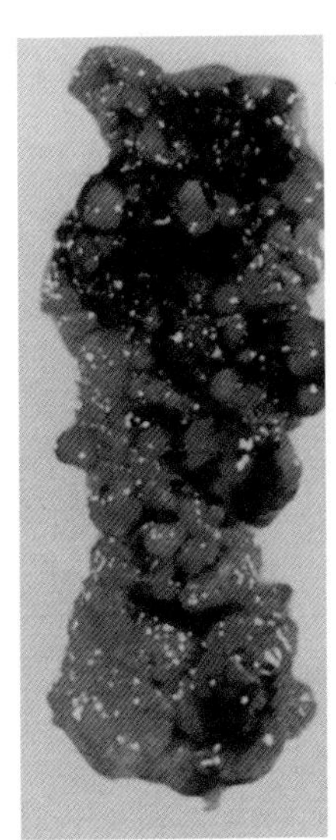
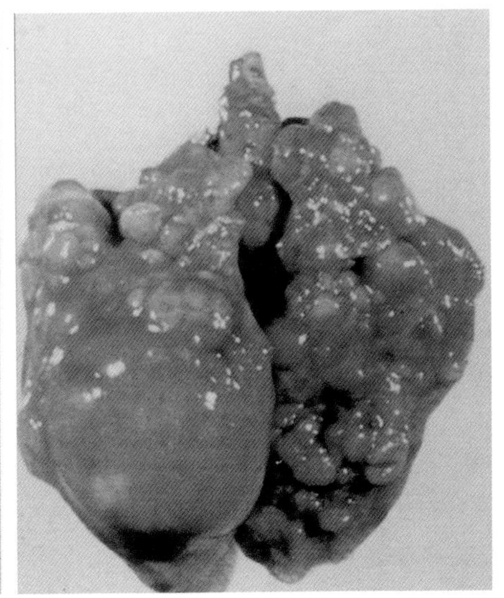

图97-1　子宫腺癌

左图为子宫腺癌：子宫黏膜有多发性癌瘤，其圆形、灰红色；右图为肺转移瘤：肺因大量转移瘤的生长而变形。（引自J.M.V.M. Mouwen等，兽医病理彩色图谱）

【诊断要点】根据症状可怀疑本病，但确诊必须依据病理学检查。

【防治措施】建立合理的兔群结构，淘汰老龄母兔。对有繁殖障碍的母兔进行触摸检查，如怀疑本病，可予以淘汰。

九十八、成肾细胞瘤

成肾细胞瘤又称肾母细胞瘤、肾胚瘤，是家兔尤其是未成年家兔较常见的一种肿瘤病，有的兔肉加工厂检出率高达1%以上。

【病因】病因不详。但可能与遗传因素有关，有家族性，发生率可达25.6%。

【典型症状与病变】无明显的临诊症状，或有泌尿功能障碍症状。各年龄兔均有发生，幼兔多发。触诊在肾区可摸到肿块。剖检见肿瘤发生于一侧肾脏，也可见于两侧，呈圆形或结节状突出于肾皮质表面，质地均匀，有包膜（图98-1），切面灰红或灰白色，均匀致密，有时可见到小囊腔、出血、坏死。正常肾组织因肿瘤压迫而萎缩，甚至几乎消失（图98-2、图98-3）。组织上可见肿瘤主要由肾小球和肾小管样结构的组织所构成（图98-4）。

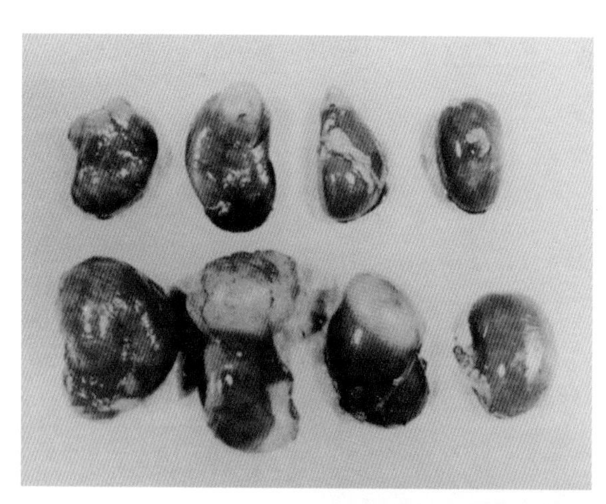

图98-1　成肾细胞瘤的常发部位在肾脏前端，但也见于后端，呈结节状突出于肾皮质表面（丁良骐）

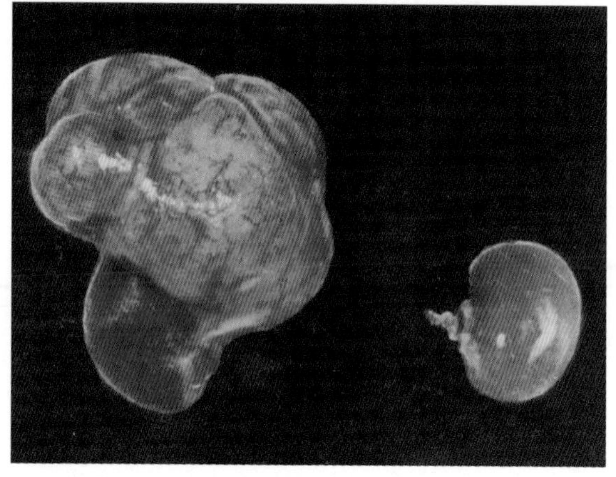

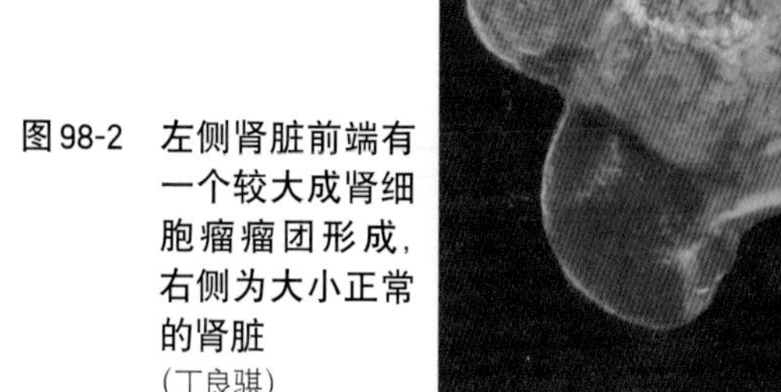

图98-2　左侧肾脏前端有一个较大成肾细胞瘤瘤团形成，右侧为大小正常的肾脏（丁良骐）

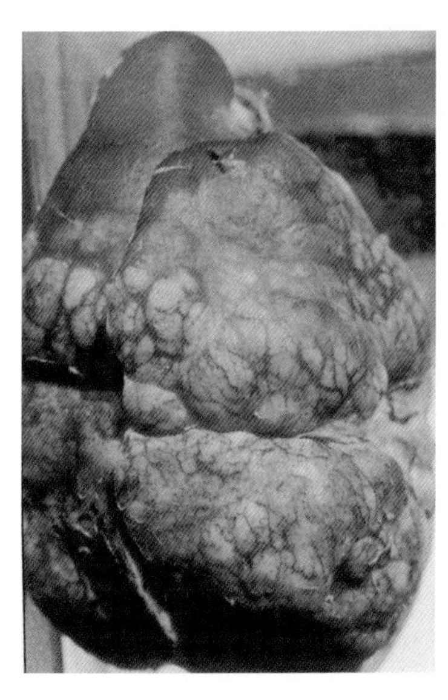

图98-3　成肾细胞瘤

肿瘤生长迅速，瘤团很大，表面呈结节状，有丰富的血管分布，肾脏几乎消失。（陈可毅）

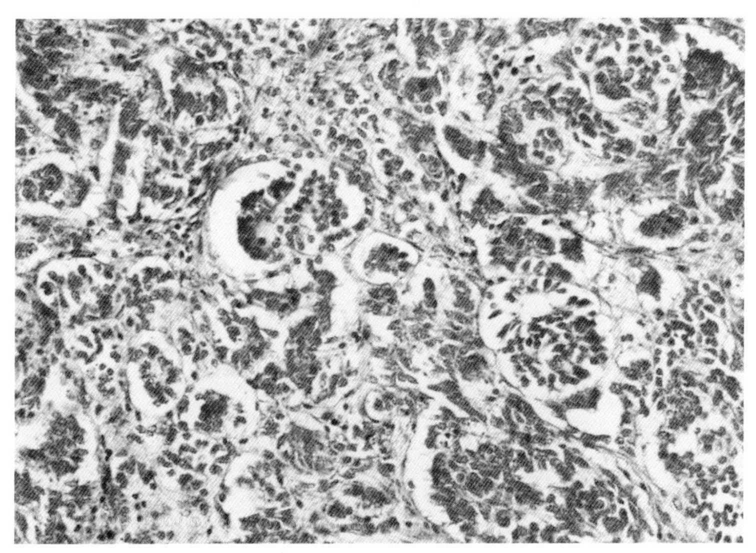

图98-4　成肾细胞瘤

瘤组织主要由肾小球和肾小管样结构的低分化瘤细胞构成，间质为少量纤维瘤样组织。（陈怀涛）

【诊断要点】根据触诊可以怀疑本病，确诊需依靠病理学检查。

【防治措施】如肿瘤位于一侧，且能触摸到时，可试用外科手术，打开腹腔，将肿瘤与剩余的肾组织全部割除。如触摸两肾均有肿瘤，则应淘汰。

【诊疗注意事项】多在屠宰后或病死后发现成肾细胞瘤，生前很难做出诊断。在多数情况下不进行手术治疗。

九十九、淋巴肉瘤

淋巴肉瘤是起源于淋巴组织的一种恶性肿瘤。

【病因】近年研究证明，本病的发生与遗传有关，是一种常染色体隐性基因（LS）在纯合子形成过程中，把淋巴肉瘤的易感性垂直传递给后代而导致的疾病。此外，也可能与其他因素有关。

【典型症状与病变】本病较多发生于幼年和青年兔，以6 ~ 18月龄的兔更为易发。临诊主要表现：贫血，中性粒细胞减少，未成熟的淋巴细胞大量增加，血红蛋白含量降低。剖检见多处淋巴结肿大、灰白色（图99-1），消化道的淋巴滤泡和淋巴集结明显肿大（图99-2）。脾肿大，切面有灰白色颗粒状结节。肾肿大，表面常有灰白色斑块和隆起，从切面可见这些病变主要位于皮质（图99-3）。肝肿大，表面有灰白色区和结节。胃、扁桃体、卵巢、肾上腺也常出现肿瘤性病变。

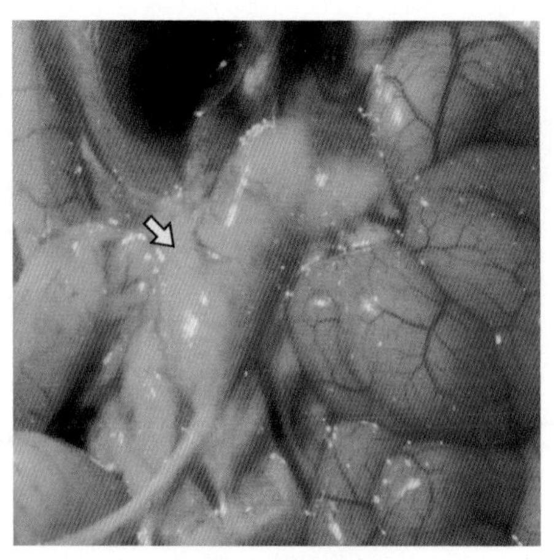

图99-1　淋巴肉瘤

肠系膜淋巴结肿大、灰白色。（陈怀涛）

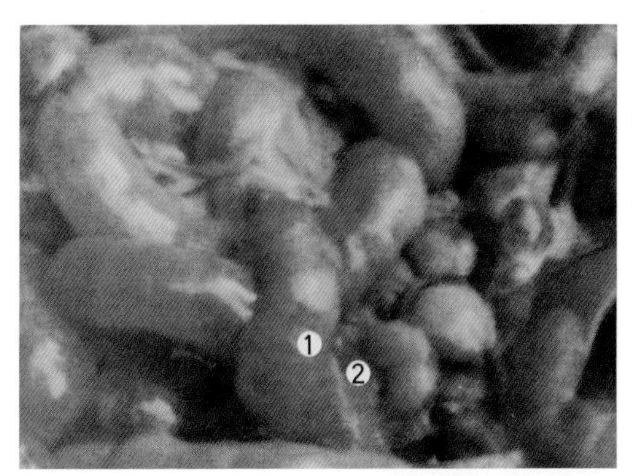

图99-2　淋巴肉瘤

小肠淋巴集结和肠系膜淋巴结增大。(陈怀涛)

1. 小肠淋巴集结　2. 肠系膜淋巴结

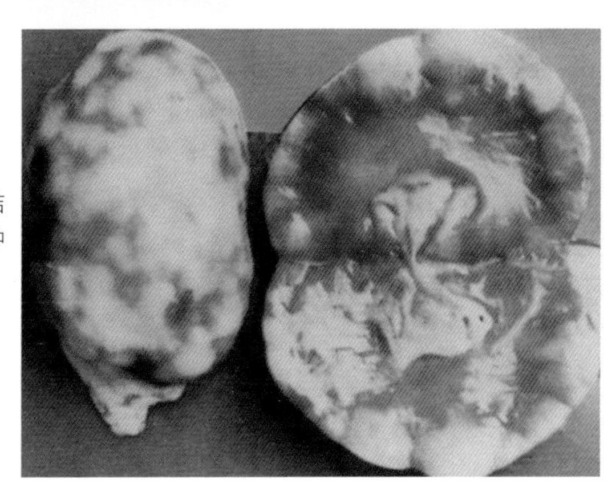

图99-3　淋巴肉瘤

肾脏有许多灰白色淋巴肉瘤结节。左：肾表面；右肾切面，肿瘤结节主要位于皮质。(范国雄)

【诊断要点】①血象变化。②病理变化。

【防治措施】淋巴肉瘤的发生率与遗传因素有关，因此要加强选种，淘汰病兔，不宜留作种用。

主要参考文献

ZHUYAO CANKAO WENXIAN

柴家前主编 . 1998. 兔病快速诊断防治彩色图册 [M]. 济南：山东科学技术出版社 .
陈怀涛编著 . 1998. 兔病诊治彩色图说 [M]. 北京：中国农业出版社 .
程相朝，薛帮群，等 . 2009. 兔病类症鉴别诊断彩色图谱 [M]. 北京：中国农业出版社 .
谷子林，秦应和，任克良主编 . 2013. 中国养兔学 [M]. 北京：中国农业出版社 .
蒋金书主编 . 1991. 兔病学 [M]. 北京：北京农业大学出版社 .
任克良主编 . 2012. 兔病诊断与防治原色图谱 [M]. 第 2 版 . 北京：金盾出版社 .
任克良主编 . 2008. 兔场兽医师手册 [M]. 北京：金盾出版社 .
任克良主编 . 2002. 现代獭兔养殖大全 [M]. 太原：山西科学技术出版社 .
王永坤，刘秀梵，符敖齐 . 1990. 兔病防治 [M]. 上海：上海科学技术出版社 .
王云峰，王翠兰，崔尚金 . 1999. 家兔常见病诊断图谱 [M]. 北京：中国农业出版社 .